（第二版）

品鉴金典

中国名茶

杨大华　林自铃　况杰◎编著

海峡出版发行集团
THE STRAITS PUBLISHING & DISTRIBUTING GROUP | 福建科学技术出版社
FUJIAN SCIENCE & TECHNOLOGY PUBLISHING HOUSE

图书在版编目（CIP）数据

中国名茶品鉴金典 / 杨大华，林自铃，况杰编著. —2版.
— 福州：福建科学技术出版社，2019.1
ISBN 978-7-5335-5635-8

Ⅰ.①中… Ⅱ.①杨… ②林… ③况… Ⅲ.①茶叶 –
介绍 – 中国 Ⅳ.①TS272.5

中国版本图书馆CIP数据核字（2018）第123224号

书　　名　**中国名茶品鉴金典**
编　　著　杨大华　林自铃　况杰
出版发行　**福建科学技术出版社**
社　　址　福州市东水路76号（邮编350001）
网　　址　www.fjstp.com
经　　销　福建新华发行（集团）有限责任公司
印　　刷　福州德安彩色印刷有限公司
开　　本　700毫米×1000毫米 1 / 16
印　　张　11
图　　文　176码
版　　次　2019年1月第二版
印　　次　2019年1月第2次印刷
书　　号　ISBN 978-7-5335-5635-8
定　　价　40.00元
　　　　　书中如有印装质量问题，可直接向本社调换

　　茶，不是一片简单的树叶，她有着丰富的文化内涵，承载了许多动人的故事和人文情怀。有人说"茶如人生"，的确，从中国六大茶类的身上，仿佛可以看到人的一生的历程：白茶，犹如一位刚来人间的婴幼儿，本真自然；绿茶，宛若一位乳臭未干的孩童，清新活泼；黄茶，如同一位满脸稚气的童年，朝气蓬勃；乌龙茶，好像一位活力四射的青年，魅力无穷；红茶，仿佛一位历经洗礼的壮年，端庄典雅；黑茶，更像一位阅尽沧桑的老者，老成炼达。

　　近年，笔者在全国各地考察了不少野生茶资源，接触过不同地方的传统制茶技艺，亲手试制了一些茶叶新品。随着与茶叶亲密接触的增加，越发体会到这一片树叶的深不可测和无穷魅力。这些新体会和新发现，促使我们对《中国名茶品鉴金典》做了全面的修订。第二版中增加了野生茶，补充了一些新品种，同时也删去个别品种。本书沿用第一版的写作风格，从茶的品种分类、制作工艺、品赏艺术以及保健功效等方面，为您娓娓道来。希望您在这里能了解到更多的茶文化，找到一些自己喜爱的或适合自己的茶。

　　茶行有句老话："茶叶学到老，茶名记不了。"中国是茶叶的故乡，几千年来，茶叶的品种琳琅满目，数不胜数。在这让人眼花缭乱的茶叶市场中，如何沙里淘金，选购到自己理想的茶，这是个让刚入门的茶人感到棘手的问题。本书在介绍全国六大茶类时，不仅选入了传统的一些历史名茶，而且介绍了一些 "名气不大"的茶叶品种。这些"无名"茶叶各有特色，价廉物美。

不同的人，对不同的茶身体适应性不同。首选的茶应是适合自身身体状态的茶。所以，笔者认为，饮茶首先要科学饮茶、健康饮茶，其次才是艺术品茶。需要说明的是，书中所选名优茶仅是中国名优茶品种中的一部分，仍有不少很优秀的茶品种尚待以后修订时补充；选用的茶样效果图片，仅作为选购茶叶的参考。

在编写本书的过程中，得到了全国各地诸多朋友们的热情支持。尤其令人感动的是，四川北川羌族自治县财政局肖德明先生和安昌第一小学肖德昌老师，他们在为北川灾后重建的百忙中，抽出时间积极为我们联系茶厂、提供茶样；还有江西省兰协的郑丰生先生、江西农业杂志社记者张帮人、九江市茶叶协会胡卫东会长、庐山的查小荣和丁金山先生，湖北恩施茶人杨胜伟、马定莲、胡朝阳，福建宁德的萧音先生、邵武茶人游志健和冯家传、漳州的林桂锋先生，广西柳州车勇军先生，以及其他茶友们，给予了热情的支持和帮助。在此，我们表示真诚的感谢！

限于我们的水平，书中难免有错误的地方。敬请广大读者和专家，给予批评指正！

中国科普作家协会会员　杨大华

绿 茶

红茶

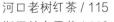

黑茶

再加工茶

野生茶

饮茶与保健

绿茶

（一）绿茶的特点与品鉴

绿茶品质与制作特点

绿茶是我国六大茶类中产量最大、品种最丰富的茶类，长江流域及江南各省几乎都有生产。绿茶属于不发酵茶，因其干茶、茶汤和叶底均以绿色为主调，故称之"绿茶"。

绿茶制作工艺主要包括了杀青、揉捻、干燥三个过程。其中，第一道杀青是最重要的工序，它是以高温快速杀青，使茶叶能较多地保持鲜叶内的天然物质成分，阻止酶促反应，是保证绿茶品质的关键步骤。

绿茶按制作工艺不同，可分为炒青、烘青、晒青和蒸青四大类。炒青类绿茶产量最多，以龙井茶、碧螺春、蒙顶甘露、都匀毛尖、庐山云雾等为代表；烘青类绿茶的代表品种有黄山毛峰、太平猴魁、六安瓜片等；晒青类绿茶的代表品种有云南的滇青、四川的川青等；蒸青类绿茶品种最少，代表品种有恩施玉露等。

按照目前茶界的权威资料来看，绿茶的分类是按干燥的方式分类的。这种分类法不大科学，或者说是不够严谨。如炒青绿茶，是通过高温炒青进行杀青，再通过低温烘炒进行干燥，所以称为炒青绿茶；而烘青绿茶，则是在高温杀青后，用烘干的方式进行干燥，被称为烘青绿茶；晒青绿茶，是高温杀青后，用日光晒干的方式进行干燥，所以叫晒青绿茶。这种分类方式，对蒸青绿茶来说是不科学的。因为蒸青绿茶是用蒸汽进行杀青，而干燥方式则是用烘干的方式。蒸青绿茶是按照杀青的方式进行归类的。蒸青绿茶工艺目前唯有湖北恩施还保留着这种工艺。唐代的制茶工艺就是蒸青工艺。可以说，蒸青绿茶是目前国内所有制茶工艺中最古老的工艺。是茶叶加工工艺的"活化石"，后文将着重介绍。

据研究资料表明，绿茶中茶多酚、咖啡因含量可保留鲜叶的 85% 以上，叶绿素保留 50% 左右，维生素损失也较少。由于绿茶中保留的天然物质成分多，因此其防衰老、防肿瘤、抗癌、杀菌、预防糖尿病、降压、降血脂、消炎等保健医疗效果是其他茶类所不及的。经现代科学研究证实，绿茶含各种酚类衍生物、芳香类物质、氨基酸类物质、维生素类物质、茶单宁等有机化合物 450 多种；含铁、钙、磷、硒、钼、锰、锗等无机矿物质及少量的微量元素。这些成分大部分都具有保健、防病的功效，所以在全国市场最广，是最受人们喜爱的茶类之一。

绿茶（图中为西湖龙井）汤色清澈透亮，色彩鲜绿。

绿茶的主要品种

　　绿茶是六大茶类中品种最多的茶类，可以说是数不胜数。其中较为著名的有西湖龙井、都匀毛尖、洞庭碧螺春、庐山云雾茶、黄山毛峰、南京雨花茶、峨眉毛峰、信阳毛尖、六安瓜片等。在绿茶炒青、烘青、晒青和蒸青四大类中，炒青类绿茶品种最多，其代表品种有西湖龙井、碧螺春、蒙顶甘露、都匀毛尖、庐山云雾等；烘青类绿茶的代表品种有黄山毛峰、太平猴魁、六安瓜片等；晒青类绿茶的代表品种有云南的滇青、四川的川青等；蒸青类绿茶品种最少，代表品种有恩施玉露等。

冲泡绿茶用水的讲究

俗话说："水是茶之母。"古人云："茶性发于水。八分之茶，遇十分之水，茶亦十分矣；八分之水，遇十分之茶，茶只八分。"可见，古人泡茶对水的要求是很高的，也说明水对茶性起着极为重要的作用。要泡好茶，就必须讲究用水。

首先，是对水的选择。因为水质优劣直接影响茶汤的品质。古人对于饮用水，有"山水上，江水中，井水下"之说，总而言之，要求水质甘而洁、活而新。今天，我们的饮用水，主要是自来水，自来水中含有大量的氯离子，对茶的品质影响最严重，未经处理的自来水不宜用来冲茶。目前城市中井水几乎不存在，即使有，也多数被污染了不宜用于泡茶。受到污染的江河水也不宜用来泡茶。而市场上供应的一些桶装矿泉水、纯净水虽然适合泡茶，但成本太高。一些山区的中小城市，人们常常到附近的山边汲取天然山泉水，水质较洁净又成本低廉。笔者泡茶的水就是取自山边泉水。从科学角度来分析，软水比硬水更适宜泡茶。

其次，是对水温的要求。古人泡茶（煎茶）对水温的要求也是很高的。今天，控制水温亦是冲泡绿茶的关键。水温的高低直接关系到茶叶营养成分的溶解快慢，从而影响了茶汤的品质（茶的香气和滋味）。一般而言，冲泡绿茶不宜水温过高。水温过高会破坏茶叶中一些天然成分，如维生素等营养物质；而且水温过高，易烫熟茶叶，使茶汤出现"窨味"。如果水温太低，茶叶的溶解力下降，会使茶汤的香气和滋味都不足。所以，冲泡绿茶时，通常温度以 80 ~ 90℃为宜。

水质越好，冲泡出来的茶汤越清亮透明。

冲泡绿茶茶具

相对工夫茶来讲，冲泡绿茶的茶具较为简单，也不是太讲究。以往，人们冲泡绿茶，多是用一大茶杯，抓一点茶叶，冲一大杯茶边凉边喝。这种喝法，既不科学也谈不上品茶的乐趣，充其量也只能称之为喝茶。

如今，受工夫茶的影响，冲泡绿茶的用具也开始讲究起来。针对绿茶的特点，冲泡高档绿茶通常以玻璃杯和白瓷盖碗较适宜。玻璃杯可以观察到茶叶在杯中的状态，特别是银针和雀舌类的绿茶，在杯中冲入水后，一根根芽尖悬浮水面，如春笋出土又似金枪林立，悬针在杯中时起时落，飘浮游动，异常优美。在写这本书稿时，品鉴许多绿茶样品笔者都用盖碗冲泡。笔者发现，用盖碗冲泡，有些绿茶会出现一些过去不曾被发现的特点。

由于绿茶冲泡后，茶叶多浮于水面，不便于饮用，便有人开始选用盖碗泡绿茶。如今使用盖碗泡绿茶已相当普遍。如泡工夫茶一般，可以掌握冲泡时间，用盖将茶叶撇至一边，过滤后，便于饮用。传统那种用大茶杯冲泡绿茶真该淘汰。因为水温高，浸泡时间长，易使茶汤苦涩味重。

琳琅满目的茶具，可根据各人的喜好来选用。

冲泡绿茶的要领

冲泡绿茶，首先要根据茶具和个人的需要来确定投入量。茶叶的投入量，并没有一个统一的标准。一般而言，应根据茶具的大小来确定投入量。根据茶具的具体情况，茶与水的比例通常掌握在 1 ：（50 ~ 60）之间。如果口味重喜欢喝浓茶的，可以多投入一些；喜欢喝淡茶的，可以少放一些，但一般一次不少于 3 克茶叶。

在冲泡过程中，首先将水煮沸，后用沸水消毒清洗茶具，然后投入茶叶。此时，水温已有所降低。若水温还较高时，可以用一公道杯，将水倒入其中，再用公道杯里的水进行冲泡。经过这一道工序，水温掌握在降至 85℃左右。通常，冲泡绿茶时，是不经过洗茶这一道程序的。当用玻璃杯冲泡时，可以一边观赏茶叶的飘浮状态，一边饮用，并不断加水。使用盖碗冲泡绿茶时要注意，不能将盖碗盖上，以防茶叶高温下出现闷熟，使茶的品质发生变化。饮用时，可以用盖将茶叶拂去一边，再饮用。如果有使用公道杯，则可以将过滤的茶汤倒入公道杯后，再分给茶友品尝。

投入茶叶后，应将水从较高处冲入杯中，使茶叶翻滚受热均匀。

购买绿茶如何挑选

每年春天，我们都会看到很多茶叶店挂起了"新茶上市"的招牌。无论是茶农、茶商，还是茶人，对每年第一批的春茶，都寄予了很大的希望。挑选和购买自己喜爱的茶，这种购茶是每一个爱茶人的乐事。绿茶品种繁杂，因此如何挑选才能购买到一款适合自己的绿茶就要有所讲究。

"老茶鬼"可以到自己常去的老店购买，这样茶叶的品质和价格都较有保证。

如果去新店买茶或是新手买茶，则有必要先了解一些绿茶的常识，这样对选购一款价廉品优的绿茶是有所帮助的。具体可以从以下几点注意观察。

（1）观察形色：一款做工精细的绿茶，首先在条形上应该是较为完整和统一的，不应该有较多的梗或断碎的茶。色彩应是鲜绿色的，也就是具有"鲜活力"；如果茶色发黄发褐，或是没有鲜活度，那可能是做工不够精细，使茶在制作过程中有轻度发酵，或者是不良店家以隔年陈茶充作新茶。

（2）闻香品味：一款茶是否适合自己，还是要品尝之后才能最后确定，外形观察只起辅助作用。一款新茶冲泡出来后，香气应该是清新而又馥郁的。如果是炒青的绿茶，还应该带有新火功的熟栗香，这样的新茶才是一款较好的茶。口味应该是鲜爽甘甜的，苦味和涩味不应该过重。

所以，辨识新茶的"鲜活度"是挑选新茶的首要条件，其次才是对口感的适合度。

绿茶中隔年陈茶的辨识

绿茶通常以当年饮用最佳。隔年绿茶鲜叶内对人体健康有益的天然物质会大量散失，还会产生许多不利于健康的物质，如一些有毒或有害的霉菌等。一些茶商，会将未销售完的隔年绿茶进行处理后当新茶上市销售。那么，在购买绿茶时，就要学会区别新茶与陈茶，这样才不会上当受骗。

首先，辨识是否新茶，应从外形上观察。陈茶因存放时间较长或保存不当，使新叶内的叶绿素大量散失，茶叶的色彩会变成黄色或黄褐色。叶片表面的亮度消失，鲜活度下降。这种陈茶，比较直观，一眼便可以认出。

其次，要辨别一些保存较好的隔年绿茶（如厂家或商家冰箱保存的），就要具备一定的经验。因为这类茶从茶叶外形的色彩上，还保留了较多的绿色，具有一定的鲜活度；但口感肯定没有新茶鲜爽，一般会在甜中带点微酸，或是苦涩味比较容易泡出来。

其实，隔年绿茶，如果保存得当，没有发生受潮霉变，还是可以饮用的。虽然绿茶中的鲜活物质发生了变化，但茶多酚被氧化后，会产生一些茶黄素，这对保健是十分有利的。总之，绿茶喝的就是新鲜，若是从健康饮茶的角度来看，隔年绿茶只要是没有变质的，还是可以饮用的。

隔年的绿茶冲泡出来时，汤色、叶色均为黄色。

高山茶与高山绿茶的特点

高山茶是相对于低海拔茶山所产的茶而言的，通常泛指产自海拔较高山场的茶叶。高山茶较多地应用于乌龙茶中。在绿茶类中，高山绿茶通常又称为"高山云雾茶"，简称"云雾茶"，意指茶树生长在高山云雾之中。目前，环境污染严重，威胁到人们的食品安全，因此茶叶的食品安全问题也日益受到重视。通常海拔800米以上的茶树，受污染少，是天然的绿色食品。因此，我们通常把生长在海拔800米以上的茶称为高山茶。海拔越高，茶的品质越好。

高山绿茶生长环境有利于茶树生长，而不适宜病虫繁殖，其茶叶的内在品质也具特色。由于山场高，表土的持水能力较差，高山茶需要有较发达的根系才可以深入土层深层，吸取到水分和养分。而在土壤深层的矿物质，绝少受到污染。所以，高山绿茶的品质首先体现出了口感清澈甘爽的特点。其次，高山四季云雾环绕，空气湿度大，散射光线较丰富，所产的茶叶鲜嫩，所以口感亦轻柔滑顺。另外，高山绿茶光照时间长，气温却较低，所以香气清新宜人。人们常说"高山出好茶"，便是此理。

庐山云雾茶正是生长在高山云雾之中（图为庐山东牯山林场豆叶坪茶园）

存放绿茶的讲究

绿茶是未经过发酵的，富含叶绿素等鲜活物质。存放不当，绿茶的品质极易发生变化。影响绿茶品质变化的主要原因有以下几条。

（1）高温：夏季高温会使绿茶中的叶绿素快速降解，使鲜绿色的茶色逐渐变成黄褐色，而茶汤也会从清绿色转为黄绿色或黄色，香气和滋味大大降低。

（2）光照：绿茶如果未进行避光存放，那么在光照作用下，特别是日光直射下，会产生日晒味、陈味等，直接影响绿茶的鲜活度。

（3）异味：如果绿茶未进行密封，就和一些有异味的东西混在一起，那么绿茶会将周边的杂味吸收进去，直接影响茶的品质。

（4）潮湿：如果绿茶存放在潮湿的环境中，绿茶会吸收大量的水分。

当含水量超过 8% 时，就会加快绿茶的变质速度，并且滋生微生物，使茶叶发生"返青"或霉变。

综上种种原因，那么在家庭条件下存放绿茶，我们可以采取以下措施：如装进避光的茶叶罐或密封袋，并放入冰箱内进行低温保存，以保持绿茶的鲜活品质。而开袋的绿茶，应该尽快饮用，不宜长时间存放。

（二）名优绿茶

条形圆扁，光滑平整，色泽润绿。

汤色清亮，有大气感。

西湖龙井

西湖龙井茶是中国十大名茶之首，在海内外享有盛名。原产于浙江杭州西湖的狮峰、龙井、五云山、虎跑一带，有人以这 4 个不同的产地，细分为"狮、龙、云、虎" 4 个品类，其中以狮峰龙井品质最佳。

西湖龙井茶的栽培历史悠久，在唐代陆羽的《茶经》中就有杭州天竺、灵隐二寺产茶的记载。到了北宋时期，西湖一带所产的茶叶更成为了"贡茶"，至此，名盛天下。清代，乾隆皇帝甚是喜欢龙井茶，四次来到龙井茶产区，品茶赋诗，并将胡公庙前的十八棵茶树封为"御茶"。龙井茶以其优雅的品质受到了文人雅士的吟咏歌赞。

中华人民共和国成立后，龙井茶得到了国家的积极扶持，被列为国家外交礼品，其制作工艺也由旧式的柴锅改为了电锅，还制定了一套分级质量标准，使龙井茶走上科学的发展之路。

从制作工艺上看，龙井茶属于扁炒青绿茶。其特点有"四绝"：色绿、香郁、味甘、形美。特级龙井茶条形扁平、光滑平整、色泽润绿，香气清郁，茶汤清绿透亮，滋味鲜爽甘甜，叶底细嫩鲜活。工厂化生产的龙井茶，也称机制龙井茶，产品等级则比人工制作的略差，通常条形较大，色泽暗绿，滋味与香气都较差一些。

目前，龙井茶在全国大量推广种植，产品丰富，质量也变得参差不齐。笔者以为，从种植地域上分，龙井茶有西湖龙井、杭州龙井、浙江龙井及一些浙江省外种植的龙井茶这几类。从采摘季节上分，可分为春茶、夏茶、秋茶三种。由于大面积推广种植后，龙井茶的品质鉴别变得异常复杂，一般的消费者已难以买到原产地的龙井茶，市场上鱼目混珠。笔者以为，购买龙井茶，需要保持几分理智，方能不被表面现象所惑。首先，以春茶为首选，在春季产茶时期去购买。第二，不把质量与包装外观画等号。第三，从外形上认真观察，选择条形规则、色泽鲜嫩的。第四，品尝试茶，选择适合自己口味的即可。

龙井茶，以其秀雅闻名天下，苏东坡诗云"自古佳人似佳茗"，可见其美。

绿茶

碧螺春

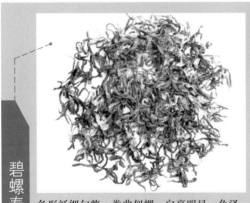
条形纤细匀整，卷曲似螺，白毫明显，色泽银绿。

汤色嫩绿，略有混浊，滋味鲜爽甜润，叶底柔嫩鲜绿。

碧螺春原产于江苏省苏州市太湖洞庭山上，太湖水面湿度较大，特别是早晚及夜间，雾气缭绕，空气湿润，对茶树的生长极为有利。正是这得天独厚的生长环境造就了碧螺春超凡脱俗的品质，成为了中国十大

名茶之一。

笔者初遇此茶，便有一见倾心之感。碧螺春的条形，卷曲似螺，翠绿秀嫩，白毫显露，白绿之间，极其秀雅可爱，甚是养眼。冲泡时，笔者采用的是"后投"法，即先将杯中冲入开水，待水温稍降时再将茶投入杯中，茶叶先浮于水面，再缓缓沉入水中，而其香亦悠悠地溢出。正如其传统描述的一样，香气袭人。其栗香较其他绿茶的栗香更为熟透。传说中的"吓煞人香"实非虚言。

从叶底上可以看出，其芽的采摘极为讲究。碧螺春通常是采单芽或一叶一芽制成的，其汤亦清甘秀润，圆融甜畅。碧螺春正如其名，以其秀雅、娇柔的品质而饮誉天下。

先将开水冲入杯中，再将茶投入。

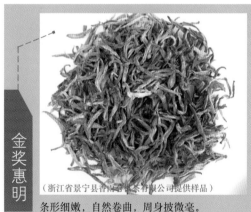

金奖惠明

（浙江省景宁县香雨青青茶业有限公司提供样品）

条形细嫩，自然卷曲，周身披微毫。

汤色清亮，因毫毛较多，有微浊感。

金奖惠明茶主产于浙江省云和县、景宁县一带的赤木山区，简称惠明茶，是我国著名的绿茶品种之一。1915 年在巴拿马国际博览会上荣获金奖，故后易名为"金奖惠明"。

相传，唐代畲族老人雷太祖落难后遇惠明和尚，得其收留寺中。惠明昐咐他们父子在寺的周围辟土种茶。雷太祖父子也就成为赤木山区最早种植茶叶的人。后来寺的周边以僧名命名为"惠明村"，惠明茶亦因此得名。

惠明茶单芽制作，芽细嫩，自然卷曲。以稍凉一会的开水冲泡，即时闻香，便可得浓郁的"栗香"。而茶汤入口时，则是满口清甘，甜味十分明显，能满口生香，口齿间留有花果香气，令人神清气爽，似有云开见日的舒爽清心的美感。惠明茶是笔者颇为偏爱的一款浙江绿茶。

冲泡惠明茶时，水温不宜过高，以 80 ~ 85℃为宜。水温过高，出水稍慢，易产生苦涩味；茶汤凉后，苦涩感更为明显。

狗牯脑

条形细瘦绢秀，白毫明显，芽端微微勾起。　　汤色明绿，微有混浊感。

狗牯脑茶，乍一听这茶名觉得怪怪的，一般的茶取名都甚雅，而此茶名粗俗。后来才知道，狗牯脑产于江西省遂川县汤湖镇狗牯脑山，这款茶是因地名而得名的。

狗牯脑山海拔 900 多米，终年云雾缭绕，是典型的高山云雾茶。狗牯脑茶为小叶群体种茶。鲜叶的采摘非常讲究，以一芽一叶为标准。第一次品尝狗牯脑，就惊叹此茶条形之细小，是笔者所品过的绿茶中少见的。其采摘工作精细、繁琐，同样也增加了制作的难度。

初见干茶，便可闻到强烈的清香味。冲泡时，茶叶全部即时沉入水底，茶汤清绿明亮。因毫毛较多，故微有混浊感。茶汤溢出的香气，不如干茶明显，略带些花香和栗香。品尝狗牯脑茶亦没有明显的特征，只是略甜、不苦、不涩；茶水凉后，也不会增加苦涩味；回甘也是幽幽的。这款茶，笔者反复品饮，始终没有发现它有什么显著的特征。也许这平淡无奇正是它的取胜之处吧，这正显现了那句"浓处味常短，淡处趣独真"的美境。

庐山云雾茶

笔者炒制的这款茶庐山云雾茶，茶青采自东牯山林场"豆叶坪"茶园，条形紧细，色泽翠绿。　汤色清亮，有明显的豆香。　叶底鲜嫩。

庐山云雾茶始于晋代，闻名于唐朝，古名"闻林茶"。相传，慧远在东林寺植茶，并亲手制作，常常以茶待友，传为佳话。宋代，庐山云雾茶成为"贡茶"。1959年，全国第一次十大名茶评选，庐山云雾茶名列第四。从此，它也成为中国高山云雾茶最典型的代表！

庐山北临长江，东临鄱阳湖，群峰秀立，森林茂密，泉水涌流，四季云雾缭绕。在这种环境中生长的茶叶，芽壮叶肥，白毫明显，营养成分丰富。庐山云雾茶素来以"味醇、色秀、香馨、汤清"而美名于天下。朱德曾有诗赞美

汉阳峰为庐山第一高峰。

传统柴火灶手工杀青工艺。

手工揉捻。

庐山云雾茶："庐山云雾茶，味浓性泼辣。若得长时饮，延年益寿法。"1986年，庐山云雾茶被评为中国十大名茶之一。

庐山云雾茶主要产区在海拔 800 米以上的含鄱口、五老峰、汉阳峰、小天池、仙人洞、豆叶坪、神农宫等地。如今，九江市政府为了保护和发掘历史名茶，打造庐山云雾茶大区域概念，将庐山周边茶产区都划为庐山云雾茶产区。

笔者 2010 年来到庐山，从此与庐山结下了不解之缘。2016 年 6 月，笔者应邀来到庐山，开始尝试用庐山修静庵、五老峰、豆叶坪和桃花源等多处茶青，制作出了品质较高的红茶、白茶。2017 年开始，应庐山市三原文化公司邀请，笔者正式在庐山仰天坪创建茶厂，并成立了庐山大华茶叶研究所。该茶厂现已正式投产，是以汉阳峰的茶青为主要原料，配以豆叶坪、电视台茶园、大天池、金竹坪等处的茶青，开始制作庐山红茶、白茶。同时，笔者也学习庐山云雾茶的传统手工炒制方法，在原传统方法上揉入了一些技术，制作一些庐山云雾茶。

周海滚在红豆杉林的茶园中。

然而，庐山天气变化无穷，云雾弥漫，每个山场的茶都有自己的特征，形成了不同的"山场气"。要更加细腻地了解庐山茶，还需沉下心来住进庐山，呼吸这漫起的云雾，方能体会到庐山云雾茶的妙处。庐山脚下茶农周海滚，他深知庐山茶以"钻林茶"为最好，便在他的茶园里广植红豆杉树，以营造适宜的茶园生态小环境。等茶树长大，红豆杉树也逐渐长大，红豆杉树能适度遮挡阳光，有利于茶树的生长，对茶青品质的提升有极大的好处。他还成立了庐山市佛缘云雾茶种植专业合作社，并注册了"云壁岭红豆杉"茶叶品牌。

真是"不识庐山云雾茶，只缘茶生云雾中"。

婺源银针

条形紧细，翠绿润泽，周身白毫。

汤色清亮，银针倒悬，叶姿优雅。

婺源绿茶的历史十分悠久，早在唐代陆羽《茶经》中就有"歙州生婺源山谷"的记载。婺源银针是婺源绿茶的代表品种之一。条形细长紧结。色青翠，周身披着银毫，故名银针。

冲泡时，其香气优雅，但不似"栗香"，仿佛是刚煮不久的绿豆香的味。汤色清绿明亮。滋味清甜爽口，虽然清雅，却没有什么明显的品种特征。品着品着，汤越淡薄，就越显不出什么特点。于是，笔者稍作停杯。不经意间，一股强烈的甘甜从舌底涌上，至舌尖都是一股强烈的清甘。这时，笔者方领悟到此茶之所以为名茶的道理。香气、滋味都不显山露水，而回味却是如此的强烈。回顾所品过的诸多绿茶，少有如此强烈回甘者。

小布岩茶

条形纤细秀雅，鲜活嫩绿。

汤色清亮透明。

　　小布岩茶产于江西省宁都县小布镇环境幽雅的岩背脑群山之中。山中清泉飞溅，茶区所处的于山山脉钩嘴峰山腰，海拔 1190 米，深厚的微酸性土壤，有机质含量丰富，为茶树的生长创造了上佳的环境。

　　小布岩茶名字中带着一"岩"字，通常让人误以为它是乌龙茶中的一个岩茶品种，但其实它是一款绿茶。观干茶外形秀丽挺直，显锋毫，为一芽一叶初展；闻干茶有股绿茶所特有的清香。取一玻璃杯，冲入 80 ~ 90℃ 的开水，看茶在杯中上下飘浮，也是一件赏心乐事，又怎能错过呢！约两分钟后滤出茶水，汤色黄绿明亮，透明度很高，闻之伴有清幽的兰香，醇厚鲜爽，叶底嫩绿软亮，不失为一款好茶。

太平猴魁

叶片肥大，是绿茶中体形最壮硕的。

汤色润绿，清亮。

太平猴魁原产于安徽省黄山北麓的黄山市太平县，以新明、龙门、三口一带为主要产区。核心产区则位于新明乡三门村的猴坑、猴岗、颜家，其中以猴坑高山茶园所采制的尖茶品质最优。

太平猴魁是烘青绿茶中典型的代表品种。其采摘时间一般在谷雨至立夏之间。采摘标准为开面一芽三、四叶。一般选择在晴天或阴天午前（雾退之前）采摘，午后拣尖，经杀青、毛烘、足烘、复焙四道工序一次性制成。

太平猴魁芽叶成朵肥壮，外形两叶抱芽，扁平挺直，有"猴魁两头尖，不散不翘不卷边"的美称。叶色苍绿匀润，有些叶脉绿中隐红，俗称"红丝线"。

每每冲泡此茶，笔者皆用盖碗。用开水冲泡第一道水洗茶后，盖香里的栗香明显，但不是很强烈，非常中庸，并且带有一种类似武夷岩茶的焦糖香。等碗盖稍凉后，再闻盖，则是一股"兰底"清香，闻之清心畅神。闻杯中茶汤，则是浓郁的栗香，茶汤入口，甜醇厚实，满口甘甜，有极温雅的美感。

都匀毛尖

（样品由贵州都匀茗泉山茶叶有限公司提供）

条形细小，自然卷曲，周身披满毫毛。

汤色清绿，微有混浊感，沉淀后会渐渐清亮。

初到贵州，便听到贵州人自豪地介绍说，贵州有二"毛"，即酒中之王"茅台"和茶中极品"都匀毛尖"。都匀毛尖茶是中国十大名茶之一，贵州三大名茶之首，1915 年获巴拿马博览会金奖。都匀毛尖茶生长在海拔 1000 米以上高山，是典型的高山云雾茶。那里四季如春，云雾缭绕，冬无严寒，夏无酷暑。

都匀毛尖茶条形细狭，自然卷曲，周身披满毫毛，叶尖自然钩起，故原名为"鱼钩茶"。据《都匀市志》记载："都匀毛尖茶原产境内团山黄河，时称黄河毛尖茶。该茶在明代已被列为贡品敬奉朝廷，深受崇祯皇帝喜爱，因形似鱼钩，被赐名鱼钩茶。" 20 世纪 50 年代，都匀几位女知青亲自为毛主席制作了几斤精致的鱼钩茶。毛主席品尝后赞美此茶甚好，并命名为毛尖茶，都匀毛尖从此得名。

第一次品尝都匀毛尖，便被其清雅的香气所吸引，其干茶有一股清冽的甜香。冲泡后，可闻到栗香中带有花香味。茶汤入口，舌尖即时起甘，这是一种明显的甘蔗甜味。唯有海拔 1000 米以上的云雾高山之中，方能养育出此精品。滋味如此清澈甘甜，在笔者品尝过的近百种绿茶名茶中无以堪比的。品尝过后的半天里，都是满口茶香，喉间清甜凉爽，并能时不时显出幽幽的茶香，实是妙不可言。

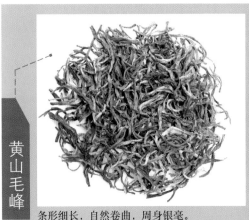

黄山毛峰

条形细长，自然卷曲，周身银毫。　　　　汤色清亮翠绿，清心爽目。

笔者有个习惯，走到哪都要品一下当地的泉水。2010 年夏，笔者游黄山也喝了不少黄山的泉水，与福建武夷山的山泉水相比，感觉黄山的山泉水显得更加柔绵，武夷山的山泉水则更清冽。

在黄山品尝了用黄山水冲泡的黄山毛峰，并带了一些样品回家，用武夷山的山泉水冲泡，方得神韵：根据个人的习惯，笔者依旧用盖碗来泡黄山毛尖茶。从外形上看，黄山毛峰茶条形匀细，自然卷曲。开水稍凉后冲入，按正常时间出汤后，汤色清白，没有什么变化。笔者尝试了一下，觉得没有什么味道，转念一想，可能是因为泡的时间不够，味道没有出来。于是，再冲入水，延长了冲泡的时间，汤色为黄绿色；然而品尝后，滋味并没有什么变化，依然是清甘，闻杯盖亦无栗香。正在心下起疑之时，鼻间回上来一股清香，这种香略似花香，但较为幽缈；而舌尖亦回上一股强烈的甘甜，这种甘甜胜过入口时茶汤的甜味许多，许多……

入口清甘，回甘强烈，也许这就是黄山毛尖的妙处吧。

人们常说哪里产的茶，用当地的水冲泡最佳，其实这话只对了一半。虽说是一方水土养一方茶，但不同的水质冲泡效果也不一样。品黄山泉水冲泡的黄山茶与品武夷山泉水冲泡的黄山茶，两者品质均佳，而又别见华章。黄山泉水泡出来的茶汤更柔顺；武夷山泉水冲泡的能激香，使原先甚为幽缈的香气能溢发出来。

恩施玉露

条形匀整，色彩苍翠，秀挺如"松针"。

汤色清亮，叶底鲜活嫩绿，色泽雅丽。

恩施，位于湖北省西南部神奇的北纬30°上，是"鄂西林海"和"华中药库"。恩施古称"施州"，为古巴子国故地，自古产茶。众所周知，《神农本草经》中有"神农尝百草，日遇七十二毒，得茶而解之"的记载，其中的荼即茶。恩施是当时神农活动的地区之一，因此也是中国茶文化的发祥地之一。

根据东晋史学家常璩《华阳国志·巴志》记载："周武王伐纣，实得巴蜀之师，……茶、蜜……皆纳贡之。"当时，恩施位于古巴子国腹地，这一记载表明恩施在 3000 年前就有种茶、用茶的历史。

在公元 3 世纪西晋时的《荆州土地记》中亦有"武陵七县通出茶"的记载。

唐代陆羽所撰《茶经》也记载了恩施的茶事："茶者，南方之嘉木也。……其巴山峡川，有两人合抱者。"

明代王一正《事物绀珠》中载："茶类今茶名……荆州茶、施州茶、南木茶……"

所有这些都印证了恩施是中华茶文化的发源地之一，有悠久的产茶历史。如今，恩施玉露茶仍然是中国茶文化中最重要的组成和最杰出的代表之一。

恩施玉露属蒸青绿茶。蒸青工艺是中国最古老的茶叶加工技术，传承了千百年后，多数茶区已失传了，只有恩施尚保留了这项技术。国内其他茶产区的茶叶加工，多以炒青、烘青或晒青工艺，取代了蒸青工艺；

笔者向恩施茶界名人杨胜伟老师学习制作恩施玉露。老先生将60年的太极功夫融入恩施玉露的制作技艺之中，形成奇绝的"太极式手法"。

而恩施的蒸青绿茶，则在清代康熙年间，由原来的蒸青饼茶改进为针形散茶，形成了外形紧圆挺直、色泽墨绿、毫白如玉（又称"玉绿"）的特点。1938年，恩施实验茶厂庆阳分厂厂长杨润之，在保留蒸汽杀青的基础上，进行了工艺改进，使得品质得到进一步提升，形成了干茶润泽翠绿、汤色明亮鲜绿、滋味甘甜鲜爽的特征，并改名为"玉露"。1965年恩施玉露被评为"中国十大名茶"，恩施玉露从此名扬天下。

2014年，恩施玉露制作技艺被列入"第四批国家级非物质文化遗产代表性项目名录"；2015年，恩施玉露被湖北省商务厅认定为首批"湖北老字号"，恩施玉露及其商标被国家工商总局商标局认定为"中国驰名商标"，恩施玉露茶文化系统被农业部认定为"第三批中国重要农业文化遗产名单"。

恩施茶界名人杨胜伟先生在《恩施玉露》开篇即述："恩施玉露是中国第一蒸青针形绿茶。同时，又是我国历史上唯一保存下来的蒸青针形绿茶。就加工工艺而言，它沿袭唐朝制茶的蒸青工艺。""蒸青、针形、绿茶"是其三要素，"三绿"是其显著特征。其外形条索匀整、紧圆、光滑、挺直，色泽翠绿油润，内质香气清高持久，汤色嫩绿明亮，滋味醇厚鲜爽回甘，叶底匀整嫩绿明亮。施兆鹏先生盛誉其品质："恩施玉露，茶中极品。"日本茶师清水康夫对其古老蒸青工艺的传承大

恩施润邦国际富硒茶业有限公司董事长张文旗陪同笔者一起体验手工制作玉露茶。

加赞扬："恩施玉露，温古知新。"

恩施玉露制作工艺分蒸青、扇干水汽、铲头毛火、对揉和回转揉、铲二毛火、整形上光、拣选等七道工序，"搂、搓、端、扎"四大手法。每一道工序都有严格的操作规程，丝丝入扣，环环相接，每一种手法都是古法技艺的再现，一个相当熟练的茶师竟日所制不过2公斤。传统工艺繁复，传授路径狭窄，一度濒临失传。杨胜伟等沿袭古法技艺，传承开拓创新，造立理论体系，制定操作规程，授课传技，开创了从家族单一传承至社会集体传承的新局面，使濒临传承绝境的恩施玉露枯木逢春。

恩施市政府为了保护历史名茶恩施玉露，恢复恩施玉露的品牌和生产，开展招商引资。2005年，张文旗注册成立了恩施市润邦国际富硒茶业有限公司，引进和消化日本茶叶整型机械的核心技术，与国内高校科研机构和设备生产厂家合作，自行开发定制了符合恩施玉露的加工设备，建成了中国第一条恩施玉露茶的连续化自动化生产线，实现了恩施玉露生产机械化。从此，茶产业走上了现代化、规模化、标准化的发展道路，成为恩施经济的支柱产业之一。

2015年7月，润邦公司在恩施玉露的发祥地——恩施市芭蕉侗族乡新建了恩施玉露博物馆，同年9月该博物馆被授予国家级非遗项目恩施玉露制作技艺传承基地。恩施玉露已经有了湖北省地方标准，成功地申报为"湖北第一历史名茶"，重新焕发出新的生命。

笔者与湖北民族学院马定莲老师一同体验手工制作玉露茶。

绿茶

碎铜茶

条形不一，为典型的野生茶特征。

汤色清亮，清莹透明。

碎铜茶，其茶树生长在福建省邵武市和平古镇海拔 1107 米的留仙峰和海拔 1414 米的武阳峰（又称"观星峰"）一带高山上。将一小撮碎铜茶放在嘴里嚼动，成糊状后将一枚普通的古铜板一起嚼，过不了一会儿，便能轻易地将铜板咬碎，故名碎铜茶。对此，中央电视台七套《乡土》栏目及多家媒体都曾做了专题报道，碎铜茶成了世界上最传奇的茶叶之一。

产地四季云雾弥漫，清泉涓涓，昼夜温差大。这里远离城市的工厂，土壤、空气和水源皆无污染，在这独特的自然环境中，碎铜茶成为乱石岩缝中天然养就的一丛丛野生茶树。

经有关部门检验，碎铜茶中的茶多酚含量比一般茶叶高出 3 倍多，单宁酸、咖啡因、氨基酸等多种成分的含量也明显高于其他茶叶。但是，碎铜茶能碎铜的真正原因，至今尚无定论。

碎铜茶清凉异常，汤色清澈明亮，杯盖有一种特有的山野清鲜气息。入口微苦，继而回甘，舌齿留香，乃一款上品好茶。碎铜茶不仅能碎铜，还有提神醒脑、消除疲劳等多种保健功能，在当地，自古以来就

2013年，笔者与冯家传（左）前往留仙峰考察碎铜茶，与云峰法师（右）在一起。

有"神仙茶"的美誉。

2007年，碎铜茶荣获第七届"中茶杯"全国名优茶评比一等奖。

在诸多的绿茶品种中，向来以西湖龙井茶为最美。宋代苏东坡有"若把西湖比西子，从来佳茗似佳人"的

笔者用采摘的碎铜茶茶青，亲自咬碎一块老铜板。

诗句，用此句来称赞清新淡雅的龙井茶最为贴切！若把龙井茶比作绿茶中的"文状元"的话，那么，笔者以为，碎铜茶滋味厚重，香气馥郁，则是绿茶中的"武状元"！龙井茶正如柳三变之词"杨柳岸，晓风残月"，有柔情万种；而碎铜茶恰似苏东坡之词"大江东去，浪淘尽"，豪迈无比。

浮梁仙枝

干茶条形紧直，显毫，色泽墨绿。

汤色显白，微黄绿色。

唐代著名诗人白居易的《琵琶行》中有"商人重利轻别离，前月浮梁买茶去"的诗句。由此可知，早在唐代江西浮梁县就是著名的产茶区。

2017年岁末，正值笔者云游至景德镇，应江西省景德镇黄茂军先生、《江西农业》杂志社记者张帮人之约，共赴浮梁考察浮瑶茶叶公司的新佳茶叶基地。这是一家民营茶场，面积1000余亩。当天，正值景德镇直升机公司在茶场搞飞行训练，笔者有幸受邀坐上直升机从空中巡视茶园。

从空中观察，新佳茶园基地并没有连成整片，而是被高大的乔木、树林、水塘等分割成了不规则的块状，形成一幅绚丽的风景画。空中赏茶园，真是让人陶醉。

浮梁新佳茶园，是个严格按生态有机标准建设和管理的茶园，茶园内禁止使用农药化肥，以确保食品安全。了解了这些，笔者更急不可待地想要一试浮梁茶了。

吴翊东总经理知道我要从专业的角度品尝浮梁茶，他非常认真地从库房里取了六七款茶样品，并仔细地标注了每款样品茶的产地、采摘时间、制作方法、保存方法等。对茶样品观测后，我们沟通了茶的冲泡方法和茶的表现特征。为了能更准确地评价他们生产的浮瑶仙芝系列产品，他准备了几款茶样品，委托我带回去仔细品尝并给予评价。

为了准确地把握浮梁茶的特征，笔者对几款样品茶分别用了不同的方法进行冲泡，并发现了其优异的品质和独特的地方。

吴总提供的样品中绿茶有两款。从外形上看，一款为单芽，采摘标准较高，干茶条形匀整，色泽披灰绿，显毫，这是典型的头春绿茶。闻干茶，有一种清甜味，典型的有机茶特征。用85℃开水冲泡，茶汤色，清绿明亮，略有毫毛浑色。品之，茶汤清甜，入口柔顺。闻碗盖，有浓郁的鸡汤香，说明茶中富含氨基酸。另一款绿茶则芽形较长，色泽灰绿，毫毛明显。茶汤则是蔗糖甜，水清；观察叶底可知，这是按一芽一叶标准采摘的。这款也有浓郁的鸡汤香。由此可见浮瑶仙芝茶的品质属优，能在国内外多次获得大奖并非偶然。

从空中观察到的新佳茶园基地。

条形为单芽制作，色略为墨绿。

茶汤清亮，色白，透明。

六安瓜片

六安瓜片是中国历史上的名茶之一，也是中国十大名茶之一，可以说已久负盛名。在唐代陆羽著的《茶经》中就有六安茶的记载，明代农业科学家徐光启在《农政全书》中有"……六安州小岘春，皆为茶之极品"之记载。清代六安瓜片曾被列为贡茶。大多数人知道六安瓜片是从《红楼梦》中了解的，《红楼梦》中共有八十多处提起六安瓜片。

笔者心仪六安瓜片久已，2010年有幸品尝到了这款名茶。观其茶形，均为无梗的单芽制成，色泽与一般绿茶不同，略偏墨绿色，亦有人称这种茶色为"宝绿"色。润泽有霜。

笔者有用盖碗冲泡工夫茶的习惯，因此亦采用了盖碗来冲泡这款六安茶。发现这款茶与一般绿茶不同，在盖碗的高温闷盖下，居然不会泡"老"了，掀盖即有一股浓郁的豆香飘逸出来。这种香又异于一般绿茶的栗香，毫无青味的感觉。可见其炒青的火功掌握得极好，为熟香型的炒豆香。滤出茶汤后，观其色泽，为浅黄绿色，汤色清亮透明。入口时，滋味清甜甘爽，细细品尝，发现有一种"似苦非苦"的感觉。说是苦，苦味全无；说不是苦，却又有点像苦。正感受之间，舌间瞬时回甘，我恍然大悟：正是这"似苦非苦"的滋味，才彰显了这款名茶"提甘"的功效。令人感慨万千，真是一款名副其实的历史名茶！

展叶后，叶形为瓜子形。

北川雀舌（羌族茶）

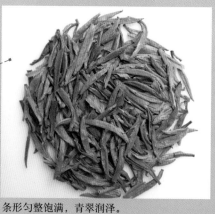

条形匀整饱满，青翠润泽。

（北川县禹露茶业有限公司提供样品）

汤色清绿透亮。

北川雀舌，是一款采用炒青工艺制作的绿茶。其产地为大禹故里，即北川羌族自治县。茶树生长在海拔 1200 米的高山上，环境植被较好，气候温和湿润，是典型的高山茶。从条形上看，是采单芽制作。芽于清明前后采摘。笔者在冲泡此茶时，等开水稍凉，80 ～ 85℃时冲入碗中，其汤色异常的清亮透明，有着水晶一样的透明度，清爽洁净。仅此一条，便可知此茶是高等级的高山绿茶。

闻之，栗香明显，却又不浓厚，有幽韵绵长之感。入口，一股清甘直入喉间，舌前回甘迅速。品此茶，笔者想起在汶川观赏到的清山秀水。这里虽遭地震灾害，山崩地裂，一片狼藉，却也难掩其秀。此茶之美，显示出了一方水土之灵气。

黄金芽茶

干茶亮黄，色泽鲜嫩。

（安徽宏云制茶有限公司戴世权提供样品。）

汤色杏黄明亮，滋味鲜爽醇厚。

黄金芽茶是一种珍稀的白化茶树品种，是目前国内培育成功的黄色叶芽变异品种。20世纪90年代，浙江余姚市三七市镇德氏家茶场张完林在茶园里发现一棵白化茶树，经过十多年的选育和相关机构深入研究，已经在繁育技术、应用推广、产业化等方面取得了一系列研究成果。

叶底嫩黄鲜活。

黄金芽茶目前大都是采用绿茶的加工方法制作，最大的有三个特点：干茶亮黄、汤色明黄、叶底嫩黄。其氨基酸含量可以达到9%。因为茶芽鲜嫩，冲泡时，可以待开水凉至90℃左右再冲泡。其香气鲜爽，滋味鲜甜，几乎没有苦涩味，是目前绿茶中品质极高的一个新品种。该样品是由安徽宏云制茶有限公司生产的一款"黄魁"黄金芽茶。

北川毛峰

条形纤秀卷曲，苍翠披毫。

（北川县禹露茶业有限公司提供样品）

茶汤清亮透明，叶底清绿鲜嫩。

在接触过的绿茶中，笔者对四川的绿茶印象颇好。人们品茶时，通常把香列为首位；而笔者品茶对茶水的要求颇高，对香气的要求反在其次。四川的绿茶给我的总体印象是茶水特别的清爽，这除了与茶叶本身先天的品质有关外，可能还与四川的自然环境有关。

北川毛峰茶生长在山峦叠翠、气候温和、降雨量充沛的自然环境中，而且所处的北川山脉雄伟，海拔较高，属于典型的高山茶。冲泡北川毛峰，得到的体会却是香气之好更胜于水。其香为典型的板栗香，而且是熟香型的，浓郁时仿佛是浓浓的鸡汤香味，绿茶中有这样鲜爽厚实的鸡汤香，却是极少发现。正是因为用盖碗冲泡，才能发现此茶有如此奇妙的香气，香气还较持久。其汤色清澈，叶底鲜活，整个一个显现出天地之灵气。茶汤滋味清爽宜人，醒神醒脑，使人心旷神怡。

官思茶

条形卷曲，色泽青褐。

汤色清亮微黄。

官思茶，产于福建周宁县官思村，故名。走进官思村，便可以在村落四周，田埂、小路边随处可见一丛丛大茶树。经笔者观察调查，这些茶树都是上百年的老茶树。

官思村海拔1100米左右，官思茶是一款典型的高山绿茶。或许是由于制作工艺的原因，或许是由于野生品种的复杂所致，此茶有着与一般绿茶不同的特征：其香气既有幽雅的兰花香，又有浓郁的栗香；茶汤清亮透明，而滋味是异常的甘

官思茶老树通常没有修剪，处于自然野生状态。

甜；茶汤一入口，一股清甘立显，而坐杯时间（指茶叶冲泡后，等待的时间）一长，则是一种甘甜中带一股清苦味，回甘迅速。这样的特征在国内众多的绿茶中实属少见。

福建周宁县官思村的村落四处可见百年老茶树丛。

条形细长狭小，周身披有毫毛。

汤色清亮，叶底鲜活。

前岭银毫

每种茶无论优劣，都有属于自己的品质特征。前岭银毫这款茶，笔者在品试的过程中，用了几种方式，发现此茶有不少神来之处。

闻干茶便是十分浓厚的清香。初泡此茶时，我的投茶量较大，用盖碗冲泡，当时水温也较高。闻杯盖香时，发现此茶的栗香十分独特：碗盖在鼻底深吸一口气，其栗香有熟透感，估计是水温高的原因；接着，就是浓厚的鸡汤的鲜香。这是笔者所品饮的绿茶中，除了北川毛峰茶，就是此茶有鸡汤香，其他茶是否也有鸡汤香味，目前尚未发现。然而，因投茶量大了，其汤水滋味中的苦涩味较重。二三泡间，鸡汤鲜香味都十分明显，只可惜茶浓水苦。于是，我又采用少投量再泡一泡。头泡茶的盖香是鲜爽的栗香，第二泡我有意将坐杯时间延长，发现鸡汤的鲜香依然出现，这时的茶汤滋味鲜润甜醇。如此奇妙的感受，读者有兴趣，不妨一试。

安吉白茶

茶片色白绿，鲜嫩修长。

汤色清亮，叶底鲜活秀嫩。

安吉白茶，乍听这名字，很容易让人误会，以为是中国六大茶类中的白茶。其实不然，它是采用绿茶的加工工艺制作而成的绿茶，是因其茶树嫩叶为白色而得名。

安吉白茶为绿茶的后起之秀。据文献记载，1930 年，在浙江安吉孝丰镇的马铃冈发现野生白茶树数十棵，"枝头所抽之嫩叶色白如玉，焙后微黄，为当地金光寺庙产"；但后不知所终。后来，很偶然在安吉县天荒坪镇大溪村海拔 800 多米的横坑坞，发现一蓬树龄逾百岁的古茶树嫩叶会变白色的，当地人称它大溪白茶。据当地山农反映，该处早先有一大一小两株白茶树，后来一株小的死了，留下的这株白茶树，就在这高山峡谷中孤独地生长了一个多世纪。直到 20 世纪 80 年代初开始，在地方政府的保护下，经科研人员的研究开发，这棵珍贵的白茶树得以保存，该茶树无性繁殖获得成功，为世界增添了一个珍稀的茶树品种。

安吉白茶属灌木型，中叶类，无性系，早芽种。其性状独特，每年春季从茶树上长出的新芽嫩叶，随着季节和气温的变化，芽叶的颜色由嫩黄色逐渐变成玉白色，叶脉呈翠绿色；其幼嫩的新梢似朵朵初开的玉兰，十分奇特。通常春茶 1 芽 2 叶期为盛白期，盛白期过后，叶色又逐渐由玉白色转变为淡绿色；最后成熟的老叶和夏秋季长出的芽叶成浅绿色。据近年来的研究资料证明，安吉白茶是茶树的温度敏感型突变体，是通过基因突变产生的一个新的茶树变种。安吉白茶就是一个稳定的突变系无性繁殖品种。如此珍奇的茶树品种，孕育出品质超群绝伦、卓尔不群的安吉白茶，为中国的茶类百花园增添了靓丽的　道风景线。

安吉白茶干茶翠绿鲜活略带黄色，叶背稍隆起内卷，外形细秀、匀整，光亮油润。香气清幽绵长，带有草木香与豆香。滋味鲜爽甜醇。由于安吉白茶比普通绿茶的氨基酸高出两倍，茶多酚含量相对低，造就了安吉白茶的非凡口感，茶汤没有丝毫的苦涩。其汤色鹅黄，清澈明亮，叶底玉白似微透，叶脉淡绿，烘托出叶白脉绿的独特美感。

由于其原料细嫩，叶张较薄，所以冲泡时水温不宜太高，一般掌握在 80 ～ 85℃为宜，冲泡安吉白茶宜选用透明玻璃杯或透明玻璃盖碗。通过玻璃杯，欣赏其在水中上下沉浮轻舞飞扬的美态也是一种享受。

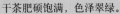
瑞草魁

干茶肥硕饱满，色泽翠绿。

汤色淡黄绿，清澈明亮。

瑞草魁产于安徽省宣城市郎溪县鸦山（丫山），为"唐宋元明清五朝之贡茶"，是久负盛名的中国传统名茶。

自唐起，至宋、元、明、清的史料均有瑞草魁详实的记载。陆羽《茶经》中有宣州鸦山产茶的记载。唐朝诗人杜牧《题茶山》诗云："山实东吴秀，茶称瑞草魁。剖符虽俗吏，修贡亦仙才。"五代蜀毛文锡的《茶谱》、宋吴淑的《茶赋》、梅尧臣的《答宣

瑞草魁的叶片主脉和侧脉近于直角，是典型的横纹。

城张主簿遗鸦山茶次其韵》、明王象晋的《群芳谱》有鸦山阳坡产横纹茶的记载。清张所勉在《鸦山辨》中写道："按一统志，鸦山产茶旧常入贡，属建平，故辨之。"郎溪县古称建平，始建于宋端拱元年（988）。清谈迁《枣林杂俎》和阿世坦《清会典》都记有建平"岁贡芽茶二十五斤"的记载。因郎溪无其他历史名茶，这里的贡茶即指瑞草魁。

据中国当代茶界泰斗陈椽教授考证、鉴定，历史名茶瑞草魁即产于现郎溪县白阳岗瑞草魁茶厂所属茶园，即今鸦山

陈椽教授为瑞草魁题字。

之东的白阳岗。陈椽教授称瑞草魁品质优异，名噪全国，历经三代不衰。瑞草魁自 20 世纪 80 年代初制作恢复后，多次获国内外大奖。

郎溪县白阳岗瑞草魁茶厂始创于 20 世纪 80 年代，是专业的从事瑞草魁茶种植、加工、销售企业，主要产销白阳岗瑞草魁品牌名优茶。20 世纪 80 年代中期，在郎溪县政府的高度重视下，以严洁教授为主的专家组专访姚村野茶制茶传人陈全荣，挖掘、整理、研究鸦山阳坡横纹茶瑞草魁传统制茶技艺，对传统工艺进行优化整合，探索、制定了一整套完善的规范工艺流程和技术标准。

五朝贡茶瑞草魁茶叶基地在海拔 487 米，山间古木参天，林苍竹翠，群山环绕，植被覆盖度高达 86%。年均温 16 ~ 18℃，年降雨量 1290 毫米，且多分布在茶树生长季节 4 ~ 10 月份，雨量充沛，空气相对湿度 80% 左右，无霜期长达 270 天以上。由于森林覆盖率高，常年云雾缭绕，茶地烂石遍野，黑色砾沙土壤，有机质含量丰富, pH 5.5 ~ 6, 特别适宜茶叶生长，茶叶品质非常优异。

瑞草魁干茶外形挺直略扁，肥硕饱满，匀整度高，色泽翠绿，白毫隐现；汤色淡黄绿，清澈明亮；滋味鲜醇爽口、回味隽厚；香气高长、清香持久；叶底嫩黄绿明亮，均匀成朵。

白茶

（一）白茶的特点与品鉴

白茶及其制作工艺特点

白茶是指茶叶采摘后，只经过萎凋不揉捻，再经过晒或文火干燥后加工的茶，属轻微发酵茶，是我国六大茶类中的特殊珍品。其成品茶多为芽头，披满白毫，如银似雪。

白茶的制作工艺，一般分为萎凋和干燥两道工序，而其关键是在于萎凋。萎凋分为室内萎凋、加温萎凋和复式萎凋等三种。复式萎凋即日光萎凋与室内自然萎凋相结合，室外与室内交替进行。具体采用哪种萎凋方法，要根据气候灵活掌握。如在春秋的晴天，或夏季不闷热的晴朗天气，以室内萎凋或复式萎凋为佳；工厂生产的则多用加温萎凋。其精制工艺是在剔除梗、片、蜡叶、红张、暗张之后，以文火低温烘焙至水分含量4%～5%即成。白茶制法的特点是既不破坏酶的活性，又不促进氧化作用，且保持毫香显现，汤味鲜爽。

白茶的主要产地和品种

白茶为我国所特有的茶类，主要产地在福建的福鼎、政和、建阳、松溪等地。

白茶成茶产品主要有白毫银针、白牡丹、贡眉、寿眉等。

采用单芽为原料按白茶加工工艺加工而成的，称白毫银针。采用福鼎大白茶、福鼎大毫茶、政和大白、福安大白茶等茶树品种的一芽一二叶，按白茶加工工艺加工而成的称白牡丹。新工艺白茶简称新白茶，是按白茶加工工艺，在萎凋后加入轻揉制成。新白茶对鲜叶的原料要求同白牡丹一样，在初制时，原料鲜叶萎凋后，迅速进入轻度揉捻，再经过干燥即成。采用菜茶的一芽一二叶，加工而成的称贡眉、寿眉。

如何选购白茶

购买传统的白茶时，一要细看外形，辨等级；二要品尝滋味，分高低。白毫银针品质最优，主要产地是以福鼎为代表的北路银针和以政和为代表的南路银针。产于福鼎的白毫银针外形肥壮，香气清鲜，毫香显，滋味清鲜。产于政和的白毫银针外形秀长（相对比福鼎产的秀瘦一点），光泽较差，香气清芬，毫香显，滋味浓厚。白牡丹、贡眉、寿眉的品质亦有差异，白牡丹采用一芽一二叶制成，外形像枯萎的花，有"绿叶夹银毫"之美称，泡开后叶底芽叶连枝，毫香明显，滋味鲜浓。汤色杏黄，清鲜明亮，叶底叶色黄绿，叶脉微红，呈"绿叶红筋"特征。贡眉，用菜茶群体品种的一芽二三叶制成，叶色灰绿带黄；高级贡眉微显银毫，香气鲜醇，滋味清甜，汤色黄。寿眉不带毫芽，色泽灰绿带黄，香气低，味清淡，叶底粗杂。

冲泡白茶的讲究

　　白茶的制法既简易又特殊，采摘白毫密披的茶芽，不炒不揉，只分萎凋和晒干（或烘焙）两道工序，使茶芽自然缓慢地变化，形成白茶的独特品质风格。冲泡白茶时应注意不宜太浓，一般按茶水 1 ：50 的比例投茶，水温在 80 ~ 90℃，等冲泡时间约为 3 分钟，经过滤后倒入茶盅即可饮用。第二次冲泡 5 分钟即可。一般一杯白茶可冲泡 4 ~ 5 次。白茶的冲泡是富有观赏性的过程，因此冲泡方法还颇有讲究。以冲泡白毫银针为例，泡茶前先赏茶，欣赏干茶的形与色。为了便于观赏，茶具通常选择无色无花的直筒形透明玻璃杯或玻璃茶具，这样可欣赏到杯中茶的形和色，以及它们在水中变幻的姿态。然后，将茶置于玻璃杯中，冲入 80 ~ 90℃的开水少许，浸润 10 秒钟左右，随即用高冲法，同一方向冲入开水。静置 3 分钟后，即可饮用。

（二）名优白茶

（此茶样为福鼎"北路银针"）

白毫银针

条形细长，秀挺如针，周身披毫，故名"银针"。

汤色清亮透明，微有混浊感。

白毫银针为历史名茶，性寒，有退热、降火解毒之功效。清朝周亮工在《闽小记》（1650）中写下："白毫银针，产太姥山鸿雪洞，功同犀角。其性寒凉，有退热祛暑解毒之功，是治疗养护麻疹患者的良药。"

白毫银针主要有两大产地，即福建的政和与福鼎。茶叶界将政和产的白毫银针称为"南路银针"，福鼎产的白毫银针则称为"北路银针"。此两处产的白茶品质皆优。目前，白茶已在全国推广种植，但主要种源还是来自福建省福鼎市。

白毫银针外形芽壮毫显，挺直似针，毫白如银，色泽银白闪亮。香气清高持久；汤色淡绿清亮，滋味醇厚回甘，毫香新鲜；叶底幼嫩肥软匀亮。

白牡丹

叶片舒张肥大，鲜嫩有白毫。

汤色清亮透明，微带浅黄绿色。

白牡丹采摘时，通常是两叶抱一芽，芽叶连枝，毫心肥壮，叶张肥嫩，呈波纹隆起，叶背遍布洁白茸毛，叶缘向叶背微卷，色泽灰绿或暗青苔色，毫色银白。开汤后，汤色呈淡杏黄色，清澈透亮，滋味鲜醇清甜，香气清鲜纯正，毫香浓显，叶底叶色黄绿，叶脉红褐，叶质柔软。有润肺清热的功效，常当药用。最好的白茶应该是以野生茶为原料，自然晾晒干的白茶。四川绵阳安县茶坪乡发现有大量野生茶，这里的野生茶加工的白牡丹，水甜，毫香明显。

四川安县茶坪乡晾晒野生白茶。

庐山豆叶坪白茶

茶青二叶一芽，形如寿眉，芽心白毫明显。

茶汤清澈明亮，汤色微黄。

庐山豆叶坪属于东牯山林场，是原星子县（现在是庐山市）唯一一个国有林场，也是九江市重点国有林场之一。林场地处庐山南麓，总面积6.8万亩，其中有林地面积6.1万亩。林场内有一片茶园，是由护林员熊帮和夫妇经多年培育起来的。从仰天坪经药王谷，穿过二道山涧，途经松林小路，一路风景秀美，鸟语花香。出松林豁然开朗：眼前便是一片茶园；

其间古树参天；巨石如印，置于园中；园旁还有一坐西朝东、南北横列的石屋。据说国民党前主席林森曾隐居于此。置身于此，仿佛来到了世外桃源。

水路细腻柔和，滋味鲜甜甘爽。口齿间留有花香。

这片茶园是熊帮和夫妇几十年来采集庐山各处茶园和野生茶树的种子，播种成苗后种植而成，是典型的小叶群体种茶园。笔者来到庐山研制茶叶，取豆叶坪茶青以福建白茶工艺加工晒制白茶。因庐山云雾天气变化复杂，豆叶坪坐西向东，光照条件有限，每天云雾缭绕，因此对制作工艺稍作改进，制作出的庐山云雾白茶形如寿眉，芽心白毫明显，茶汤清澈，滋味鲜甜甘爽。

豆叶坪风景秀美，仿佛世外桃源。

月光白

干茶散茶为一叶一芽，色泽有白、褐色。 汤色清黄明亮。

月光白又名月光美人，也被称为月光白茶、月光茶，是普洱非常有特色的白茶。这是云南茶人在普洱茶生产制作中不断总结、创新，研制出来的一个新的茶叶产品。此茶主产于云南省景迈地区，其采摘手法独特，必须在月光下制作，每批茶叶的粗制要在一天内完成。其方法大体是：在皓月当空的夜晚，采摘一芽一叶或一芽二叶的茶叶，并在天亮之前回到家中。在全部遮光的房间内，将茶叶一片片摊开在竹篾板席上晾，茶青要薄摊，不能互相叠压、遮盖。4～5天后，待茶叶干了就可以收存了，初制加工基本完成。

关于此茶名，一种说法是说来自于其制法。说此茶在夜里就着月光采摘，并且从采收到加工完成均不能见阳光，故名月光白。另一说法是说来自于茶的特征，该茶初制成叶面呈黑色，叶背呈白色，黑白相间，叶芽显毫白亮，像白色的月亮洒在黑色的叶面上，故名月光白。因采茶的姑娘均为当地美貌年轻少女，月下采茶，仿佛仙女下凡一般，故又名月光美人。

2017年岁末，笔者来到云南景

叶底肥硕，显毫，色微黄褐，鲜嫩度高。

迈长宝茶厂，有幸结识了布朗族姑娘黄庆芬·依萝，方知这月光白是这位美丽的布朗族姑娘首创的。我们品尝着她亲手做的月光白，并请她给我们回忆当时发明月光白的场景：

2000年的那个秋天，在为客人定制红茶的过程中，一片片鲜叶在阳光下萎凋时闪现出与周边茶叶不同的光彩。我出于玩心，将一片片发着光的叶子挑了出来拣在一起，想精制极品红茶。到夕阳西下，原本出游的客人回到了家里，刚踏进门便看到收鲜台上一簸箕的茶，叶子闪闪发光，散发着独特的香气，便向我探询究竟。专注于制作红茶的我，这才发现白天一时兴起挑拣出来的发光叶，竟在遗忘的时间里完成了自然发酵与自然晾干。客人们便迫不及待地要我把这些茶泡来品尝。令人意外的是，这银光闪闪的叶子泡出的茶水，清新淡雅，香气持久，如明月一般温润宜人。客人当下就想订购一批这种茶，请我为此命名。我笑着抬起头，望着秋高气爽的夜空，迷人的点点繁星，就像捉迷藏的小孩围绕在那一轮明月周围嬉戏，享受着月光的洗礼。见此情此景，我便把这种未杀青、未揉捻、自然晾干、一芽一叶的茶命名为月光白。

一款自然清新唯美的月光白由此诞生。

17年来，依萝不断地研制，提高并完善了月光白茶的工艺，品质已近完美。这次，品尝了茶主人亲自冲泡的月光白，自是另有一番感受，也许是景迈的泉水泡景迈的茶更加完美吧：从外形上看，这款月光白干茶采摘标准为二叶一芽或一叶一芽。茶叶两面的色泽为白色、褐色，2017年新制的白茶。汤色清黄透亮。滋味清甜柔顺，无苦涩味。杯底挂香是浓郁的蜂蜜香。此茶，为笔者目前所遇的月光白中品质最佳者。

依萝在品鉴月光白茶。

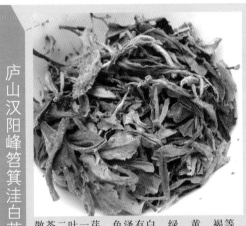

散茶二叶一芽，色泽有白、绿、黄、褐等
变化。

汤色清亮微黄。

　　庐山汉阳峰，是当地最著名的茶叶产区。这里群山环抱，峰峦叠嶂，
环境清幽、自然纯净，地形南北东三个方向高，向西逐渐低洼，形如筜
箕，故名筜箕洼。茶山海拔 1200 米左右，也是庐山云雾茶最好的茶叶
产区之一。

汉阳峰主峰下的筜箕洼茶场地势形如筜箕。

此款野生白茶的品种小叶种野生群，依照白茶寿眉工艺制作而成的。干茶外形平伏、舒展自然，叶缘卷垂，色泽灰绿，芽叶连枝，毫心肥壮，白毫显。因习惯于工夫茶的冲泡方式，取盖碗冲泡，冲泡白茶的水温不宜太高，与冲泡绿茶的水温一致，用 80 ～ 90℃的开水。稍候出汤，汤色浅黄、清透明亮。滋味甜醇毫香明显，只是香气稍逊于政和白牡丹的高扬，喉韵甚佳。叶底肥嫩软亮，叶脉微红，绿面白底。

用汉阳峰白茶压制的茶饼（背面图）。

用汉阳峰白茶压制的茶饼（正面图）。

黄茶

黄茶及其代表品种

黄茶是我国六大茶类之一，属于轻发酵茶。黄茶这种工艺的发现也属于偶然，相传是人们从炒青绿茶中，由于杀青揉捻后干燥不足或干燥不及时，叶色即闷热变黄，产生了轻度发酵。于是，有了新的茶叶品类——黄茶。据说，在唐代黄茶即为贡茶。代表品种四川蒙顶黄芽、湖南君山银针等都有着悠久的历史。

黄茶按鲜叶的嫩度和芽叶条形的大小，分为黄芽茶、黄小茶和黄大茶三类。黄芽茶中比较著名的品种有君山银针、蒙顶黄芽、霍山黄芽等；黄小茶主要有北港毛尖、沩山毛尖、远安鹿苑茶、皖西黄小茶、浙江平阳黄汤等；黄大茶品种主要有皖西黄大茶（也称霍山黄大茶），产于安徽霍山、金寨等地。

黄茶的制作工艺特点

黄茶制作工艺近似绿茶，其工艺流程为鲜叶—杀青—揉捻—闷黄—干燥。由于在干燥前增加一道"闷黄"工序，内含物质发生变化，使得黄茶香气变纯，滋味变醇。黄茶可保留茶鲜叶中的天然物质85%以上，其中富含茶多酚、氨基酸、可溶糖、维生素等营养物质，对预防食管癌有作用。在闷黄的过程中，会产生大量的氧化酶。这种新产生的酶，对消化不良、食欲不振、懒动肥胖等症状都有益处，对脾胃极有好的养护作用。所以，黄茶中产生的氧化酶又被称作消化酶。

如何选购黄茶

黄茶的品种相对其他茶系来说，比较少，喝黄茶的人也较少。选购黄茶主要从色、香、味、形四个方面辨别。干茶色泽淡黄中略带绿色，茶汤色浅黄、晶亮，叶底鲜嫩黄绿，香味清悦宜爽，口感清新甜醇。

就以君山银针为例，现在市面上有黄茶工艺的君山银针和绿茶工艺的君山银针，单凭名字来买茶，也许会出现想吃空心菜而来个卖藕的情况。所以，我们要了解黄茶的最基本特征——"黄"，即"黄汤黄叶"、香气清悦、味厚爽口。君山银针按芽头肥瘦、曲直、色泽亮暗来划分等级，以壮实、挺直、亮黄者为上，瘦弱、弯曲、暗黄者次之。

黄茶和绿茶的区别

黄茶与绿茶在制作工艺上有相似之处，区别于绿茶的是黄茶多了一道发酵工序。这个发酵工序被称作"闷堆"，亦有称之为"闷黄"或"渥堆"。这正是黄茶制法的主要特点，也是它同绿茶的根本区别。总而言之，绿茶是不发酵的，而黄茶是属于轻度发酵茶。制成干茶后，黄茶的颜色偏黄，而绿茶的颜色偏绿。

条形为芽形，选料精良，色泽黄褐。

汤色清亮微黄，旗枪挺立。

君山银针为我国著名的历史名茶，为黄茶中的极品，久负盛名。早在唐代，君山银针就已生产并出名，文成公主出嫁西藏时就曾选带了君山银针；后梁时君山银针已列为贡茶，以后历代相袭。

君山银针茶产于湖南岳阳洞庭湖中的君山岛。岛上多为沙质土壤，降雨量充沛，空气相对湿度较大，天气非常湿润。春夏季湖水蒸发，云雾弥漫，岛上树木丛生，自然环境十分适宜茶树生长。 君山银针由芽头制成，因此对采制要求很高，采摘茶叶的时间只能在清明节前后7～10天内进行，还规定了以下9种情况下不能采摘，即雨天、风霜天、虫伤、细瘦、弯曲、空心、茶芽开口、茶芽发紫、不合尺寸等。其成品芽头肥壮匀整，茶芽内面呈黄色，外层白毫显露，茶芽外形很像一根根银针，

故得其名。观其茶身满披银毫，色泽鲜亮；香气高爽，汤色橙黄明净，滋味甘醇。君山银针极具观赏价值，冲泡这种茶要用无色透明的玻璃杯，开水冲入，茶在杯底沉浮反复，三起三落，最后均竖于杯底，根根银针直立向上犹如雨后春笋，芽光水色相映成趣。

蒙顶黄芽

单芽，颗粒饱满，色泽润泽，色彩有绿、黄、褐等。

叶芽挺立，观赏性极强。

蒙顶黄芽为黄茶中的珍贵品种。"扬子江心水，蒙顶山上茶。"这一诗句自古以来就被人们所津津乐道。从唐朝开始到清末年间，蒙顶皇茶园所采明前茶，一直是皇室贡品，时间之长无茶出其右。足见蒙顶茶的不同凡响。

蒙顶黄芽采摘于每年清明节前，采摘的标准为肥壮的单芽。制成成茶后芽条匀整，扁平挺直，色泽黄润显毫。与绿茶相比较，黄茶增加了一道闷黄的工序，在香气方面没有绿茶那么高扬的清香，显得更趋于醇和了；汤色黄亮中透碧，滋味鲜醇回甘；叶底全芽嫩黄。

汤色晶黄清亮。

乌龙茶

（一）各地乌龙茶特点

乌龙茶的制作工艺特点和主要产区

乌龙茶又称青茶，是一种半发酵茶，其发酵程度介于红茶和绿茶之间，其品质既有红茶之甘醇，又有绿茶之清香。特征是绿叶红镶边，即叶片的中心为绿色，茶叶的边缘经发酵变为红色。

乌龙茶的制造，其工序概括起来可分为萎凋、做青、炒青、揉捻、干燥等工序。其中做青工序是形成乌龙茶特有品质特征的关键，是奠定乌龙茶香气和滋味的基础。乌龙茶因其做青的方式不同，分为"跳动做青""摇动做青""做手做青"三种方法。

经过现代科学的分析和鉴定，乌龙茶中含有机化学成分多达450种以上，无机矿物元素达40多种。发酵后，其中茶多酚、儿茶素、多种氨基酸等含量，明显高于其他茶类。

乌龙茶主要产于福建、广东、台湾等地。根据乌龙茶的特征及产地，分为闽北乌龙茶系、闽南乌龙茶系、广东乌龙茶系、台湾乌龙茶系等四大乌龙茶系。近年来，四川、湖南、贵州等省也有少量生产。

闽北乌龙茶特征和主要品种

凡产于福建北部地区（今南平市所辖各县市）的乌龙茶，均属于闽北乌龙茶，其中以武夷山、建瓯、建阳、邵武、政和为主产区。其制作工艺一般分为萎凋、做青、炒青、揉捻、干燥等工序，其中做青是形成闽北乌龙茶特有品质特征的最关键工序，它决定了闽北乌龙茶香气和滋味的基础。

闽北乌龙茶特点是叶片呈"三红七青"的绿叶红镶边的色彩，汤色橙黄清亮，滋味清爽甜醇、香气幽远韵长，且香多沉于水中，有沉水香之美。故而茶汤内容丰富，以水美见长，与闽南乌龙以香气见长的特点，形成了"南香北水"的福建乌龙茶两大特色。

闽北乌龙茶，如今以武夷山岩茶最为著名，其中代表品种有大红袍、白鸡冠、铁罗汉、水金龟、不知春、千里香、武夷水仙、武夷肉桂、黄观音、老君眉等；其他地区的品种如建阳水仙、建瓯矮脚乌龙等均为历史名茶。邵武所产乌龙茶多为引种栽培，品种以水仙、肉桂、黄观音等为主。

闽南乌龙茶特征和主要品种

闽南乌龙茶系的产地在福建闽南地区，主要品种有安溪铁观音、黄金桂、毛蟹、本山、永春佛手、平和白芽奇兰、梅占等。在中国四大乌龙茶系中，闽南乌龙大多数品种都以香气见长，其中以安溪铁观音香气最为优雅，以平和奇兰香气最为高锐。

总体来说，闽南乌龙茶做青时发酵度较轻，基本能保持茶的鲜活度，茶汤滋味鲜爽清甜；揉捻较重，干燥过程兼有包揉，因此外形一般都有卷曲或成圆球形；茶汤颜色通常为金黄。闽南乌龙茶品种众多，各具特色。因品种、产地的不同，产品也有圈套差异。

广东乌龙茶特征和主要品种

广东乌龙为中国四大乌龙茶系之一，主产于广东潮汕地区。品种有凤凰水仙、凤凰单丛、岭头单丛等。广东乌龙茶的加工方法源于武夷岩茶，因此，其风格流派与武夷岩茶有些相似，为半发酵茶，外形呈条形，干茶为褐色或黄褐色，叶底三红七青，汤色橙黄晶亮，滋味浓醇鲜爽，回甘明显，香气奇高，香型丰富，耐泡度高。目前，广东乌龙已名重天下，尤以凤凰单丛受青睐。

凤凰单丛是从凤凰水仙茶树中选育出来的优异单株，实际上是众多优异单丛的总称。单株采摘，单株制作，单株销售，单丛名由此而来。其采制比凤凰水仙精细，是广东乌龙茶中的极品之一。因各单丛品味、形态各异，

广东乌龙茶以凤凰单丛为代表，干茶条形狭长紧细，色泽黄褐带砂。

具体又可细分出不少品种。有以叶片形态命名的，如山茄叶、橘仔叶、竹叶等；有以香气命名的，如黄栀香、芝兰香、玉兰香、桂花香、肉桂香、杏仁香、姜花香、蜜兰香、夜来香、茉莉香等十大香型；有以树形命名的，如娘伞仔、大丛茶等；有以成茶外形命名的，如大贡骨、大乌叶、大白叶等。此外，还有以特别含义命名的，如宋种、八仙、兄弟茶等。

凤凰单丛基本工艺流程有采摘、晒青、凉青、做青、杀青、揉捻、烘焙等程序。

凤凰单丛汤色大多清黄透亮。

凤凰单丛条索紧结较直，色泽呈灰褐或黄褐色，滋味浓醇甘爽，山韵突出，具有独特的自然花香，汤色清澈黄亮，耐冲泡。

不过，据笔者的经验，凤凰单丛在冲泡时一定要注意，首先投入量不要太多，坐杯时间不必太长，否则会有一种类似"烂地瓜"的苦味。特别是低山种植的单丛。奇怪的是，潮州人泡工夫茶，则是将茶都投入得满满的，似乎品的就是这种苦味。总之，依各人口味而定了。

凤凰单丛叶底软亮，绿叶红边明显。

台湾乌龙茶及其特征

台湾乌龙茶品种源自福建。据记载，清咸丰五年（1855），一位叫林凤池的台湾人到福建应试，中举后带了36棵乌龙茶苗回台湾，分别试种在了他老家南投县鹿谷乡的粗坑自己房屋旁、小半天南坪山和冻顶山等三处。后在冻顶山茶园试种成功并传播，取名冻顶乌龙。其制茶技术，初期乃沿用福建武夷岩茶的半发酵制法，经过百余年来的改良，现在已自成体系。

在清光绪年间（1875—1908），木栅人张尔妙、张尔乾兄弟俩将祖籍安溪的铁观音茶苗引入台湾，在台湾木栅区樟湖山种植成功。从此，木栅铁观音声名远扬，成为台湾铁观音的主要产区。

台湾的乌龙茶主要有文山包种茶、冻顶乌龙茶和白毫乌龙茶等。其中包种茶是台湾乌龙茶产品中数量最多的，以文山包种为代表，具有"香、浓、醇、韵、美"五大特色。

包种茶按外形不同又分三种：以文山包种为代表的条索形，系轻发酵乌龙，风格接近绿茶，香气轻柔，花香明显，滋味醇和甘甜；以冻顶乌龙为代表的半球形或球形，系中度发酵乌龙，香高持久，滋味醇厚；以木栅铁观音为代表的圆球形（颗粒形），香气清雅，滋味甘醇。

另外，白毫乌龙是台湾乌龙茶系中发酵度比较重的品种，茶汤不苦不涩，甘甜爽口，带蜜底熟果香。

跟大陆的高山茶相比，笔者觉得台湾高山茶似乎没有大陆高山茶那种明显的"高山韵"。2010年底，在汕头两岸兰花博览会上，笔者跟广东省农业科学院的陈栋研究员在谈到这个问题时，他也有同感。笔者认为，这是因为海上雨水夹带着海水中的成分，这种雨水改变了茶场水土的成分，以致台湾高山茶没有大陆高山茶那种清冽的口感，而是一种"鲜爽"的滋味。

（二）乌龙茶品鉴技巧

安溪铁观音品鉴要领

安溪铁观音是一种传统名茶，名声大就难免鱼目混珠。因此，判断

其质量的好坏，往往也成了爱好者购茶、品茶中的一道难题。简单来说，品饮铁观音可从"一看二闻三品"入手，辨别出茶叶的优劣。

一看：观干茶外形卷曲、紧结、重实、匀整，色泽油润、鲜活者为上品；将干茶对着光线检视，看茶叶颜色是否鲜活，冬茶颜色应为翠绿，春茶则为墨绿，最好有砂绿白霜；如果干茶灰暗枯黄则为劣品。

二闻：在开汤投茶冲泡的过程中，注意听声，精品茶叶较一般茶叶紧结，叶身沉重，当茶叶投入茶壶（或盖碗）时，可闻"当当"之声，其声清脆为上，声哑者为次。干茶香气清纯者为上品。启盖端杯轻闻，凡香型突出，香气清高，馥郁持久的，均为上品。汤色呈金黄，浓艳清澈为上，汤色暗浊者次之。

三品：古人有"未尝甘露味，先闻圣妙香"之妙说。茶汤入口凡滋味醇厚，醇而带爽，厚而不涩，具有独特的"音韵"，均为上品；反之，为次品。

最后，可将冲泡过的茶叶倒入盛有清水的盘中，观察叶底。凡叶底肥厚柔软明亮、具绸面光泽，均为上品；反之，为次品。顺便一提，铁观音叶底展开后，观察其叶尖有一点点的歪，俗称"歪桃头"，这是铁观音的品种特征。

总之，选购时，以品尝香气滋味为主，适合自己的就是最好的。

品潮州工夫茶的讲究

据说工夫茶起源于宋代，在广东的潮州府（今潮汕地区）及福建的漳州、泉州一带最为盛行。"工夫茶"也作"功夫茶"，并非一种茶叶或茶类的名字，而是指一种泡茶的技法。之所以叫"工夫茶"。一般有以下四种解释：一是指制茶的技术工艺复杂，需要大量劳力和时间；二是指茶人的素养、造诣高；三是指喝茶需要空闲时间；四是指沏泡的学问，品饮的功夫。潮汕工夫茶艺定式，较早的文字记载是清代俞蛟《梦厂杂著·潮嘉风月·工夫茶》，后来翁辉东撰的《潮州茶经·工夫茶》，则有更为详尽的介绍。

品工夫茶是潮汕地区很出名的风俗之一，潮州工夫茶可以说是潮州人"习尚风雅，举措高超"的象征。在潮汕本地，家家户户都有工夫茶具，每天必定要喝上几泡。甚至是移民海外的潮州人，至今也还保存着品工夫茶的风俗。可以说，有潮汕人的地方，就有工夫茶。

潮州工夫茶讲究茶具器皿配备之精良和冲泡手法之功夫。茶壶、茶杯、茶盘、茶垫、水瓶、泥炉、砂铫、榄核炭等是必备的茶具。冲泡过程又需严格地按泡器、纳茶、候汤、冲点、刮沫、淋罐、洒茶等程序进行，方能得到工夫茶之"三味"。正是这些特别的器皿和烹法，使潮州工夫茶独具韵味，名扬天下。

潮汕工夫茶，是融精神、礼仪、沏泡技艺、评品质量为一体的完整的茶道形式。

冲泡台湾乌龙茶的讲究

台湾乌龙茶泡法与福建和广东潮汕地区的乌龙茶冲泡方法相比，它突出了闻香这一程序，还专门制作了一种与茶杯相配套的长筒形闻香杯。另外，为使各杯茶汤浓度均等，还增加了一个公道杯。

冲泡要领大体上有以下几点。

用量：置茶时用量根据茶叶外形的松紧而定，外形松的茶叶置茶量要多一点儿，外形紧的茶叶可以少一点儿。以冻顶乌龙茶为例，置及壶的 1/4 ～ 1/3 就够了（置茶量以泡开后大约涨至壶的九分满恰到好处）。

水温：泡茶水温依茶性来做不同的选择，大致在 95℃左右。95℃以上的高温，适合泡外形紧结的茶，如冻顶乌龙茶或铺里老茶；90 ～ 95℃的开水，适合茶形细碎的茶或焙火轻的茶，如文山包种、大禹岭茶、梨山茶、杉林溪茶和阿里山茶等。

时间：冲泡时间的长短，是决定茶汤浓度的重要因素。以冻顶乌龙茶为例，第一泡约 10 秒，先洗茶弃之不喝；第二泡 30 秒左右；往后每泡增加 5 ～ 10 秒，每壶茶至少可以冲泡 5 ～ 6 次。焙火轻的如大禹岭茶，每泡减少 5 ～ 10 秒口感更佳。

台湾冲泡法在温具、赏茶、置茶、闻香、冲点等程序与福建相似。斟茶时，先将茶汤倒入闻香杯中，并用品茗杯盖在闻香杯上。茶汤在闻香杯中逗留15～30秒后，用拇指压住品茗杯底，食指和中指夹住闻香杯底，向内倒转，使原来品茗杯与闻香杯上下倒转。此时，用拇指、食指和中指撮住闻香杯，慢慢转动，使茶汤倾入品茗杯中。将闻香杯送近鼻端闻香，并将闻香杯夹在双手的手心间，一边闻香，一边来回搓动。这样可利用手中热量，使留在闻香杯中的香气得到最充分的挥发。然后，观其色，细细品饮乌龙茶之滋味。如此经二三道茶后，可不再用闻香杯，而将茶汤全部倒入公道杯中，再分斟到品茗杯中。

武夷岩茶特征

武夷岩茶属半发酵的乌龙茶，指产于武夷山行政区域范围内，在特定时间内以特定标准采摘，以特定工艺加工生产的乌龙茶类的总称，为"中国地理标志"产品。

根据原料产区的不同，武夷岩茶划分为名岩产区和丹岩产区。名岩产区为武夷山市风景区范围，生产出的茶通常称"正岩茶"；丹岩产区指武夷山市境内除名岩产区的其他地区，这些产区生产的茶，亦称"外山茶"。武夷山市周边县市生产的乌龙茶是不能称为武夷岩茶的。

武夷岩茶发源于明末清初，是在特殊的小气候条件和适宜的品种前提下，用一种特殊工艺制成的茶类。鲜叶要求新梢生长日臻完熟，俗称开面采。经过酶促转化和杀青后，而形成半发酵的茶类。其特征通常从干茶条形、汤色、香气、口感、韵味等方面来品评。

外形条索状，叶端稍扭曲。色泽乌褐或带墨绿，或带沙绿，或带青褐，或带宝色。条索紧结，或细紧，或壮结。汤色橙黄至橙红，清澈明亮。香气带花果香型，锐则浓长、清则幽远，似水蜜桃香、兰花香、桂花香、乳香等。滋味醇厚滑润甘爽，带有独特的"岩韵"。叶底软亮，呈绿叶红镶边或叶缘红点泛现。不同的茶树品种还带有不同的品种特征。

优质武夷岩茶具"岩骨花香"。其中的"岩骨"，通俗说就是"岩石味"，是一种味感特别醇而厚、能长留舌本（口腔）回味持久深长的感觉。

一般生长在砾质沙壤的茶园中更为突出。其中的"花香"，指并不是像花茶一样，以其加花窨制而成的香，而是茶青在武夷岩茶特有的加工工艺中自然形成的花香。不同品种则香型各异。总的对香气的要求是"锐则浓长、清则幽远、馥郁具幽兰"。

"岩韵"的表现

什么是岩韵？首先要了解什么是岩茶。

清代王梓《茶说》记载："武夷山周回百二十里，皆可种茶。茶性他产多寒，此性独温。其品为二：在山者为岩茶，上品；在地者为洲茶，次之。香清浊不同，且泡时岩茶汤白，洲茶汤红，以此为别。……然武夷本石山，峰峦载土者寥寥，故所产无几。若洲茶，所在皆是，即邻邑近多栽植，运至山中及星村墟市贾售，皆冒充武夷……或品尝其味，不甚贵重者，皆以假乱真误之也。至于莲子心、白毫皆洲茶，或以木兰花熏成欺人，不及岩茶远矣。"

从清代王梓《茶说》中记载可知，岩茶是武夷茶树生长的特定环境所成就的，其特征是一种特定的山场味。在这种独特的生长环境中的茶所具有的特征就是岩韵，具体表现在"香、清、甘、活"四个字。香，主要指武夷岩茶的香气有多种变化，有清香、花香、果香、乳香、火香等。清，是指茶的汤色光鲜透亮，香气清爽，入口清醇滑顺，回味清甜持久。甘，指的是茶汤甜醇可口，滋味醇厚，回味甘爽；若是"香而不甘"的武夷岩茶，被称为"苦茗"，算不得上品。活，是指武夷岩茶在冲泡的过程中，每一泡的变化都各不相同，让人心旷神怡，妙不可言。笔者曾泡过一款"水金龟"，这款茶在武夷山茶王赛上，曾得过银奖。品饮此茶，最能感受到武夷岩茶鲜活的岩韵变化。在冲泡过程中，有时头几泡是先闻蜜桃香，后出现乳香，有时又是先出乳香，蜜桃果香后出现。每一次泡此茶，都有不同的感觉，真令人叹绝！难怪清代诗歌评论家袁枚这样评价武夷岩茶："每斟之一两，上口不思遽咽，先嗅其香，再试其味，徐徐咀嚼而体验之，果然清芳扑鼻，舌有余甘。一杯之后，再试一二杯，令人释躁平矜，怡情悦性。始赏龙井虽清而味薄矣，阳羡虽佳而韵逊矣。

颇有玉与水晶品格不同之故。"因此，"活"是品饮武夷岩茶时特有的心灵感受。

武夷岩茶品质判断

武夷岩茶的品质注重"活、甘、清、香"。挑选武夷岩茶要从外形、汤色、香气、滋味、冲泡次数和叶底等多个方面来观察。其中以香气和滋味这两方面为重点。

香气：香气清爽，吸入后，深呼一口气从鼻中出，若能闻到幽幽香气的，其香品为上。熟香型（足焙火）的茶，以果香及奶油香为上。清香型（轻焙火）的茶，以花香及蜜桃香为上。

滋味：入口甘爽滑顺者为优，苦、涩、麻、酸者为劣。优质的武夷岩茶应无明显苦涩，有质感（口中茶水感觉黏，有稠度），润滑，回甘显。回味足（初学者不易把握的岩韵特征之一）。

汤色：不同品种、焙火程度和贮存时间的岩茶汤色有所不同，通常正岩茶的汤色清澈橙红，透明度高。

冲泡次数：通常为八泡左右，超过八泡者更优。好的武夷岩茶有"七泡八泡有余香，九泡十泡余味存"的说法。

干茶外形和色泽：通常要求外形匀整，条索紧结状实，稍扭曲；色泽油润带宝色，陈茶则色泽灰褐。条形不完整或碎片严重的就差了。

叶底：叶底应软亮匀齐，红边明显。

炭焙茶与非炭焙茶的区别

炭焙是武夷岩茶的传统手工加工工艺，而非炭焙则是指现在通常采用的电加热工艺（即电焙）。两种不同工艺制出的茶是有区别的，大致可从以下几个方面来辨别。

从干茶上辨别：真正的炭焙茶，干茶表面看起来有点灰蒙蒙的白霜样，而电焙的干茶表面则是乌黑油亮的。

从开汤的茶香及韵味上辨别：当泡开炭焙茶后，其茶香隐含一种悠

电焙（非炭焙）大红袍汤色橙黄清亮。

炭焙大红袍汤色橙红鲜艳。

长内敛的炭火香，其内涵茶韵，喉韵后劲比较足，茶汤中所隐含的火功香比较持久。而非炭焙茶的火功香淡化就比较明显。

从汤色中分辨：不论汤色是橙黄还是橙红，炭焙茶的茶汤比较清澈透亮。

武夷岩茶不同焙火程度的表现

武夷岩茶加工中焙火程度不同，在茶叶香气、茶水醇度及岩韵上都会有不同的表现。

轻火：一般焙火的温度是在 80 ~ 100℃之间。这种工艺通常是用于焙香气高、以花香为上的茶。用这种工艺焙出的茶，茶水中的盖香表现较好，而岩韵的表现较弱，较适宜刚开始品尝岩茶的人。

中火：这种焙火工艺的温度通常在 100 ~ 120℃之间。这种工艺焙制的茶，通常以花香为显，茶水较醇厚，岩韵表现适中，通常初品者及茶客都喜爱。

高火（也叫足火）：这种工艺温度较高，在 120 ~ 135℃之间。干闻或开泡即闻火香味。茶质香气含蓄，多表现为果香；茶水醇厚，岩韵表现充分。这种茶是岩茶的发烧友最为喜欢的。如果火功过高，高过 150℃时，会使茶叶发生炭化，而炭化的茶叶就不适合饮用了。

武夷岩茶出现异杂味的原因

武夷岩茶在加工环节中，若哪个环节出错，就会使茶叶带异味，使

茶叶品质下降。而存放不当，也会出现异味。茶的异味通常有以下几种。

烟味：是比较容易判断的。茶叶在冲泡中若发现有烟味，主要是在焙茶环节出现了走烟现象，使茶叶吸附了烟火味。而正山小种在焙制过程中，采用当地的马尾松熏制，松油香会被茶吸附，形成独特的"烟种"，这种烟味则是产品特色。

青味：并不是指清香味，而是指茶叶中的青草味或豆青味。这种青味被称作"臭青"。"臭青"的出现，主要是因为发酵不到位、存放不当（如密封不严，受潮，或采用透明包装使茶叶见光）等原因引起的。

酸馊味：类似于变质饭菜的味道。产生这种异味的主要原因是茶青在运输过程中受热并受潮，这种异味也称夏秋味。

焦味：类似于饭煳锅底的味道。有可能是杀青过程中茶叶炒焦而产生，更多的是焙火时温度过高使茶叶焦煳所致。

武夷岩茶干茶与叶底的特征

"三节色""蛤蟆背""三红七青"常被人们用来作为判断武夷岩茶正宗与否的参考。"三节色"是武夷岩茶的干茶特点，是指干茶的头部呈浅黄色、中部呈乌褐色、尾部呈浅红色等三种色彩。可以说，"三节色"是武夷岩茶的典型特征。"蛤蟆背"则是体现武夷岩茶传统焙火火功的特征之一，指传统型的岩茶经过较长时间的焙火后，局部受热膨胀，在茶叶表面鼓起了小泡点。干茶较难发现"蛤蟆背"现象，一般从叶底上比较容易观察到。"三红七青"是武夷岩茶发酵度的表现形式。在观察岩茶的叶底时，可以发现叶片周边是红色的，中间是青色的，三分红边七分青叶，亦称绿叶红镶边。

"三节色"是岩茶干茶最为典型的色彩。一小撮茶中有红、青、褐等色配在一起，色彩奇异艳丽。

"蛤蟆皮"是从叶底上观察，焙火温度适宜的时候会使茶叶表皮起泡。

"三红七青"指叶片经过氧化变红，与青叶相比为三比七。

武夷岩茶清香型与传统型的区别

清香型武夷岩茶与传统型武夷岩茶，这两者的本质区别在于精制焙火。清香型武夷岩茶通常是指轻焙火的武夷岩茶，其表现香气清鲜、高飘，通常表现出一种花香或果香。这类茶以引进表现香气的品种为主，如梅占、金观音、黄观音、奇兰等。其汤水橙黄至黄色，较淡；叶底鲜活，赏心悦目；其水的品质略低，常带有微涩感；相对不耐存放，品质易变。喜欢喝铁观音类茶或习惯了口感清淡的朋友改喝岩茶时，这类茶是比较合适的过渡品种。传统型武夷岩茶都经过长时、低温、炭火烘焙（也叫炖火），具有一定的火功，香气特点为"锐则浓长，清则幽远"；滋味醇厚顺滑，岩韵强；如保管妥当，储存时间较长。

存放武夷岩茶的讲究

武夷岩茶中的陈茶少而珍贵，于是有些茶友便会存放起来一些，以备日后饮用。其实，岩茶的陈放，是需要具备一定条件的。首先，作陈茶的武夷岩茶，品种是有讲究的。通常以水仙、肉桂等产量比较大的品种为主，其他产量少品种当年消耗常常不够，更别提陈放了。其次，作为陈放的武夷岩茶，对制作工艺还是有讲究的，并不是什么样的岩茶都能陈放。要作为陈放的岩茶，通常是品质好、焙足火的才适合陈放。

武夷岩茶在陈放时，必须保管妥当；否则，轻则出现"返青"现象，

重则会霉变而不能再饮用。所以，在陈放时通常要求在密封、常温、避光、防潮条件下存放。至于存放的时间以多长为宜，这个目前尚未有定论。但传统上有这样的说法："三年是药，五年是丹，十年是宝。"那么10年以后，多长时间为极限，这还需要看存放后转化的具体情况来断定。

老丛水仙的"老丛"味

在武夷山，不少老茶园里的水仙茶树年龄较老，有的甚至已达上百年了。跟一般树龄较短的水仙茶树上采摘的茶青制作出来的水仙茶相比较，来自老龄树的水仙茶会有一种特殊的"老丛味"。因为，树龄较长的水仙，往往树上都长满了青苔，老丛水仙的汤味中，恰恰正似有类似于青苔一般的清新、鲜甘的特点。与一般水仙相比，老丛水仙的茶汤更加甘爽，口中有如米浆一般的糯糯的特殊感觉。

冲泡岩茶适宜使用的茶具

武夷岩茶的冲泡，别具一格，非工夫茶泡法不足以体现岩茶的色香韵。冲泡岩茶最适合选用陶瓷盖碗和宜兴紫砂壶茶具。

冲泡岩茶，盖碗是最常见、最实用的茶具。盖碗又称"三才"碗，

盖碗冲泡，利于品尝茶的香气与滋味。

这盖、碗、托分别象征着"天、地、人"三才，茶盖在上谓之天，茶托在下谓之地，茶碗居中是为人。这么一副小小的茶具便寄寓了一个小天地，一个小宇宙，也包含了古代哲人讲的"天盖之，地载之，人育之"的道理。三件头"盖碗"中的茶托（也叫茶船）作用尤妙。茶碗上大下小，承以茶托增强了稳定感，也确不易倾覆。用盖碗冲泡一定程度上减少了器皿对茶汤醇度的影响，比较适合品茶。

用盖碗冲泡武夷岩茶，容易观察叶底色和汤色的变化，以便掌握出水时机与冲泡次数。

用盖碗泡岩茶有以下优点：

（1）盖碗碗口较大，碗底圆小，不会限制叶片在冲泡过程中的舒展，易泡出茶味。

（2）冲泡上可闷可放，不会有壶泡带来的闷气或蒸煮的感觉。

（3）时间控制有优势，出水快慢可调节。

（4）可以随心所欲地翻动和挤压茶底，品出口感的差异。

（5）在冲泡品评岩茶的过程中，特别注重闻香。碗盖可以使香气凝集，揭开碗盖，便于闻香。

（6）容易观察茶色、汤色、叶底等。

以上这些都是壶泡不太容易做到的。盖碗泡茶不失茶味，实用，不会串味，可以泡出茶叶的原味。用盖碗更可以近距离地察色、闻香、品味、观形。紫砂壶用好了，确实可以达出神入化的境地，但必须要熟知每把壶的壶性，一把壶只能泡一种茶甚至一款茶，局限太大。便宜的盖碗几块钱就可以买一个；但是好的盖碗可不比紫砂便宜，精品瓷器一样有悠久的历史和精彩文化。

（三）名优乌龙茶

颗粒圆结，色泽翠绿，润泽。

汤色清亮，浅黄绿色，甚是清雅。

铁观音茶树原产福建省安溪县西坪乡，距今已有200多年的历史。安溪铁观音是中国十大名茶之一，也是闽南乌龙茶的经典代表。它以香气见长，有天然馥郁的兰花香，与福建北部武夷岩茶并称"南香北水"，齐名天下。

叶底嫩绿，有鲜活感。

安溪铁观音制作工艺挺有讲究，其采摘标准为二叶一心或三叶一心，俗称"开面采"，即指叶片完全展开，形成壮芽时采摘；再经过凉青、晒青和摇青，直到自然花香释放、香气浓郁时，进行炒青、揉捻和包揉；当茶叶卷曲成颗粒状后，再进行文火焙干，即成为毛茶。毛茶再经过筛分、风选和挑剔、匀堆、包装，最后成为成品茶。

目前，由于铁观音受到茶人们的大力推崇，在市场经济作用的推动下，已经在多个茶产区推广种植，造成了产品质量的复杂化，鉴别标准难以统一。简单地说，根据香型不同，安溪铁观音大致可分为清香型、浓香型和韵香型等3种；从采摘季节来区分，有春茶、夏茶、秋茶、冬茶四种，其中以秋茶品质最佳；从种植环境上区分，有高山茶与低山茶之分，品质以高山茶更佳；从产地的不同又可以分为内山茶与外山茶。

内山观音指的是安溪县内种植的铁观音，这是一种原产地保护措施；外山观音则是指安溪县范围以外生产的铁观音。

总而言之，优质的安溪铁观音以香高韵长取胜。其特征颗粒紧结厚实，色泽翠绿亮泽，汤色清绿明亮，香气清郁悠长，滋味柔顺清甘，口齿留香，回甘明显。耐泡度高，有"七泡有余香"的美誉。

黄金桂

干茶颗料肥大，鲜活嫩绿。

汤色淡黄透绿，清亮透明。

黄金桂原产于福建安溪虎邱美庄村，是以茶树品种黄棪（亦称黄旦）的嫩梢制成的乌龙茶，因其汤色呈金黄，香气极高似桂花香，故名黄金桂。黄棪植株属于小乔木，中等叶型，早芽品种，所以在产区被称为"清明茶"。

黄金桂的品质特征是：条索紧细，色泽润亮；香气幽雅鲜爽，带桂花香型；滋味清甘略有苦涩味，回甘较快；汤色金黄明亮；叶底软亮。因为香气特别高，素有"未尝清甘味，先闻透天香"之称，又有"透天香"的美誉。

黄金桂是一款以香气见长的名茶，但其茶汤苦涩味较明显。所以，笔者建议在冲泡黄金桂时，投放量宜稍少些，冲泡水温要高，时间要短。这样，不仅可以闻到"透天香"，亦能减轻苦涩味。

叶底嫩黄，欠软亮。

本山

外形颗粒肥大，色泽鲜亮。

汤色泽金黄显绿，清亮透明。

本山是闽南乌龙系列中的传统品种之一。从外形上看，颗粒较肥硕、紧结；叶片较宽大，叶梗粗壮明显。其汤色浅黄色中透绿，色泽清亮透明。香气较为清淡，茶汤滋味柔顺。叶底鲜亮，稍有红边。

冲泡应以沸水为佳，冲泡时间依个人口味灵活掌握。一般而言，可以冲到七八泡，色香味俱在。在闽兰乌龙中，与铁观音、黄金桂、毛蟹相比较，本山的滋味更为柔和滑顺，但香气逊之。

叶底鲜活、略显红边。

永春佛手

外形紧团，肥壮厚实，色泽苍翠油润。

（福建漳耕林桂锋提供样品）

汤色清亮，色彩黄绿。

永春佛手又名香橼种、雪梨，因其形似佛手、名贵胜金，又称"金佛手"。永春佛手是福建乌龙茶中风味较独特的一款名茶，主产于福建省永春县苏坑、玉斗等乡镇周围海拔 600 ～ 900 米高山处。

佛手茶树品种的春芽有红芽佛手与绿芽佛手两种，以红芽更佳。佛手茶外形紧结卷曲、肥壮厚实，色泽沙绿油润。汤色黄绿清亮，香气清幽而细长；滋味轻甘甜润，水特别柔顺，有入口即化的感觉。回味甘爽，口齿留香。整体的感觉，永春佛手较铁观音更为轻柔。

从叶底上观察，永春佛手的发酵度不高，保存了茶叶中新鲜的营养成分，因此通常需要密封后放冰箱保鲜。

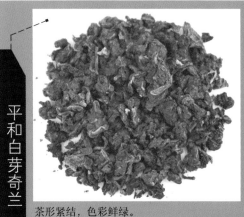

平和白芽奇兰

茶形紧结，色彩鲜绿。

汤色淡黄，清澈透明。

笔者初次接触白芽奇兰茶，是品尝到了武夷山的白芽奇兰，准确地说应该是"武夷白芽奇兰"，即武夷山茶农将平和县的白芽奇兰引种到武夷山种植，并采用武夷岩茶的工艺制作出来的白芽奇兰。说老实话，第一次喝白芽奇兰就被其香气征服了。酷爱兰花的我，对兰香尤其喜欢，这款茶正是因为其香气如兰香而得名。

此后，笔者专门了解了白芽奇兰的来龙去脉。

白芽奇兰茶原产于被称作闽南第一高峰（海拔 1545 米）的大芹山脚下，系福建省平和县农业局茶叶站和崎岭乡彭溪村科技人员经十多年努力，从地方奇兰群体中单株选育成功的，是福建省乌龙茶系中的珍稀品种。白芽奇兰的芽梢白毫明显，成茶品质具有独特兰花香气。白芽奇兰茶选育成功以来，在国内外评比中屡获殊荣。

白芽奇兰茶的制作工艺精细。从白芽奇兰茶品种树上采下的鲜叶，要经过凉青、晒青、摇青、杀青、揉捻、初烘、初包揉、复烘、复包揉、足干等十道工序制成毛茶，然后再精制为白芽奇兰茶品茶。

如此的好茶，一定要品尝。漳州兰友林桂锋先生寄来了平和白芽奇兰样品，一收到茶便立即煮水泡茶。让人惊喜的是，这款白芽奇兰香幽而不烈，绵长细腻，且略带有一丝幽幽的奶香。并不像有些传言的"香气奇高，水却又苦又涩"。茶汤清甘甜畅，让人心旷神怡。这是典型的"高山韵"，不出意料，林先生证实这是一款生长在海拔700米以上的高山奇兰茶。

目前，白芽奇兰大都采用了电焙的烘焙方式，但仍有一些茶农保持采用传统的炭焙工艺。采用炭焙工艺制作的白芽奇兰，闻干茶香，便有一种特殊的"火香"与"糖香"，泡出的汤亦显得更加浑厚些，韵也更悠长。与电焙的相较，一刚一柔，相得益彰。

在此要提醒各位茶友的是，奇兰香气虽高，但一定要注意掌握好浸泡时间。浸泡不宜过长，否则，苦涩味会更为明显，影响口感。

炭焙白芽奇兰茶形紧结，色彩褐绿。

炭焙白芽奇兰茶汤浅黄，清亮透明。

干茶用小纸包成小方块形。　　　　　　　汤色浅黄清亮。

福建乌龙茶以闽南、闽北为主产区，且形成了"南香北水"的特点。其他地区的乌龙茶要数闽西的漳平水仙最为著名。

漳平水仙最值得一提的就是它的制作工艺。在乌龙茶系中，漳平水仙采用独一无二的茶饼定型工艺。

叶底鲜活，绿叶红边明显。

具体的加工工艺流程是：鲜叶—晒青—凉青—做青（摇青与凉青交替）—杀青—揉捻—造型（含造型与定型）—烘焙。定型时选择洁净、无色无味的毛边纸作为包纸，再用硬木制成的模具，将适量的揉捻叶放入进行紧压定型，再用白纸包装后，糊住封口。这时只是湿坯茶饼，接着进行烘焙干燥。通常采用"低温慢烤"分段进行的办法，才能保持漳平水仙特有的品质特征：香气高、滋味醇厚、耐泡、回甘明显等。

冲泡漳平水仙时，一般采用沸水冲泡，第一泡的"坐杯"时间可稍长一些，因为紧压茶对水的吸收时间较慢。漳平水仙香气较高，香型的变化也十分丰富，有花香、坚果香、奶油香、蜜桃香等多种变化，汤色金黄明亮，叶底鲜活，绿叶红边明显。

笔者以为，在福建两大乌龙茶系中，漳平水仙正好身处其中，是闽南乌龙与闽北乌龙过渡的一个品种，其发酵度与火功都是正处其中。喜欢乌龙茶的朋友，变换口味时，不妨试试漳平水仙。

闽北水仙

条形粗壮，自然卷曲，色泽乌褐。 汤色橙红，异常艳美。

　　从广义上讲，闽北水仙是指闽北乌龙茶系中水仙茶品种的总称。狭义上讲，闽北水仙专指武夷岩茶产区以外种植生产的闽北水仙品种。武夷水仙在后面将专门介绍，因此这里只介绍狭义上的闽北水仙。

　　闽北水仙茶发现于福建建阳小湖乡大湖村的严义山祝仙洞，有百余年的历史，现主要产区为建瓯、建阳、邵武等

叶底鲜活，红边绿叶。

地。闽北水仙是闽北乌龙茶中产量最高的品种，占闽北乌龙茶的百分之六七十，是闽北乌龙茶系中第一大家族。

　　闽北水仙叶片肥大，成茶条索紧结沉重，叶端扭曲，"三节色"明显，呈"蜻蜓头，青蛙腿"状；汤色清澈橙亮，香气有类似兰花的清香；滋味醇厚回甘明显；叶底厚软黄亮，呈"三红七青"。

　　一叶赢得万户香，今日的闽北水仙已被越来越多的茶人所喜爱。

条形紧结，色泽乌褐。

汤色橙红，鲜艳喜人。

建瓯矮脚乌龙

矮脚乌龙又称软枝乌龙、小叶乌龙，为闽北良种乌龙的代表品种之一，现主要分布在福建建瓯、武夷山茶区。矮脚乌龙具有百余年的栽培历史，据茶叶专家考证，建瓯市东峰镇桂林村的矮脚乌龙就是台湾主要茶叶——青心乌龙的始祖。

叶底鲜活，黄褐亮泽。

1987年5月，福建农林大学詹梓金教授到建瓯考察茶树品种，发现了这片老茶园。同年，台湾大学吴振铎教授来福建，詹教授向吴教授介绍建瓯桂林村矮脚乌龙情况，并给吴教授看了茶园照片。从此，这片茶园引起海峡两岸茶叶专家的共同关注。1990年9月，吴教授等14位台湾茶叶界人士专程到建瓯考察这片茶园。考察后他们认定，桂林村这片百年矮脚乌龙与台湾的青心乌龙为同一品种，如今已立碑保护。

矮脚乌龙制成的乌龙茶，色泽褐绿润，条索细瘦紧结，香气清高幽长，有着似花似果的馥郁香气，汤色橙黄明亮，滋味甜醇，回甘较好。

记得第一次喝矮脚乌龙，是同事带来的一款当年获过全国金奖的，其汤色之甜醇、柔顺，让人折服。后来又品尝了武夷山的十年陈矮脚乌龙，同样是以茶汤醇和柔顺为美。为了写此书，这次又特意弄了些新茶来品尝，通过这三次体验，一个共同的感受就是矮脚乌龙茶汤的甜醇中有一种似酸非酸的滋味，难以言其状，也许正是这种美妙的滋味，才使得其汤柔顺无比。

大
红
袍

（武夷山宁谷茶业有限公司提供样品）

条索紧结壮实，自然扭曲，色泽青褐。

汤色橙黄，清亮艳丽。

　　大红袍是所有茶人都神往的茶中圣品，无论是在国内，还是在国际上，它都享有"茶王"的美誉。可以说，大红袍是家喻户晓的，但是，能真正说出一二点特征的，却并不是很多。

　　武夷山为世界双遗产地，好山、好水、出好茶。武夷山属于白垩纪时期火山喷发岩形成的典型丹霞地貌，经过亿万年的自然分化，表面岩层慢慢堆积形成烂石。表层风化石与周围经日积月累的植物残体结合，形成腐殖层较厚的土壤，这种土壤富含有机质，疏松透气，富含营养。先民们在这些土壤上垒成一层层的茶地，在岩壑之间、岩隙之内，组合成了天下独一无二的盆景式茶园。加之这里充沛的雨量，溪水、山泉、地泉、瀑布常年不断，十分有利于茶树生长。如此美丽而神奇的山水，才能孕育出像大红袍这样独具魅力的岩茶。

　　大红袍是武夷岩茶中知名度和声望最高的名丛，被尊为茶王。为了扩大推广这一品种，20世纪80年代以来，国家科研机构在武夷山建立

叶底鲜嫩，绿叶红边明显。

了茶叶无性繁殖示范基地。把大红袍母树上的壮枝剪下,经过扦插培养,成功地繁殖了无性系大红袍。繁殖的茶苗遗传了母树的基因,再把茶苗种在与母树大红袍相近的环境和土壤里,生产出来的茶的品质与母树大红袍基本相同。经过这几十年的繁衍,现已有较大面积的大红袍茶山。这一昔日为皇家贡茶的大红袍也开始进入了百姓生活中。与其他名丛相比,大红袍对生态环境和制作工艺要求更为严格。

大红袍植株适中,树姿半开张,分枝较密,叶片呈水平状或稍上斜着生。叶椭圆形,叶色深绿,有光泽,叶脉沉,叶面微隆起,叶缘平或微波,叶身稍内折,叶质较厚脆,叶齿较锐较深,叶尖钝尖。芽叶紫红色,茸毛尚多,节间短。

外形:大红袍制作乌龙茶时,干茶外形条索紧结、壮实、稍扭曲,色泽褐绿润带宝色。

汤色:汤色橙黄至橙红,清澈艳丽。

滋味:滋味醇厚,回甘,岩韵显,杯底有余香,香气锐浓或幽长,耐泡。

叶底:叶底软亮匀齐,带砂色或具有红绿相间的绿叶红镶边之美感,用手捏之有绸缎般的质感。

存放:大红袍的存放,应该在密封、避光、恒温、干燥、无异味条件下保存。

武夷水仙

条索肥硕曲长,有蜻蜓头,乌褐亮泽。

汤色橙红艳美,为中足火焙制。

(武夷山宁谷茶业有限公司提供样品)

武夷水仙已是武夷岩茶中第一大家族,有百余年栽培历史了。武夷

水仙是大叶型的传统品种，所以干香条索粗壮肥硕。干茶便可闻芳香，焦糖甜香浓厚。湿香则是茶香明显，糖香减弱。香型丰富，仅花香型就有桂花香、兰花香、栀子花香等多种，还有奶香、糖香、火香等。其香浓而不腻，淡时更幽雅，香醇持久，极为耐泡。根据加工工艺可分为轻火、中火、足火等，还可以根据采茶季节分为春茶水仙和冬片水仙。一般只作春茶，冬茶产量较低。武夷水仙实为武夷岩茶传统名丛中的珍品。

据传，水仙品种原产福建建阳水吉大湖的桃仙洞，约在光绪年间传入武夷。现已是武夷山岩茶中栽培面积最大的品种，几乎武夷山所有的茶场都有。但是，在众多的茶场中，应以三坑两涧的正岩水仙最为正宗，其次为景区内的水仙。外山茶场生长的水仙，往往也能制出品质优秀的茶。

外形：从外形上看，水仙是比较容易辨认的品种，其条索肥硕曲长，长短较均匀，有蜻蜓头（水仙特征）。色泽呈青黑褐色，乌绿润带宝光。

汤色：轻火水仙汤色淡者金黄，深者橙黄如琥珀色。足火水仙汤色橙红艳美。

滋味：味醇鲜软，香气醇厚，入口甘爽，回甘快。

叶底：长大肥厚，色泽较匀，绿叶红边，叶底软亮，叶背常现沙粒状（蛤蟆皮）。

存放：轻火和中火的水仙不宜长年久放，应在第二年底前饮用完为宜。而足火的水仙，宜于久放，且随着存放时间的加长，茶性会不断变化，时间越长，香气越弱，而茶汤则会变得更加醇和，品质更优！家庭保存以密封、避光、恒温干燥、无异味条件下保存为宜。

叶底肥大，色泽均匀，绿叶红边。

武夷肉桂

条形匀整，自然卷曲。

（武夷山青谷茶业有限公司提供样品）

汤色橙黄偏红。

武夷肉桂是武夷岩茶中产量仅次于水仙的第二大品种，亦是武夷岩茶之望族。广泛种植于武夷山区，其中以景区内三坑两涧的肉桂为正宗，质量最佳；景区内其他岩上的肉桂质量次之；而景区外大量的肉桂，亦能制出优良的肉桂品质来。近年来，该品种经大力繁育推广，种植面积逐年扩大，

叶底软亮。

现在已成为武夷岩茶中的主要品种。

外形：从外形上观察，肉桂条索匀整、卷曲；色泽乌褐，油润有光。部分叶背有青蛙皮状小白点。

汤色：汤色橙黄、明亮、清澈。

滋味：冲泡时，可以先用开水温杯，将肉桂放入盖碗中，上下摇动，再闻其干香。武夷肉桂的茶干香明显有甜香，香气似乳香、桂皮香，细腻而幽长，属于高香型。水中香味亦明显。耐泡，八泡后仍然香味高远。口感鲜醇、爽口、厚实，舌感茶汤顺滑，回甘持久，韵味极佳。

叶底：叶底亦显匀亮，呈淡黄绿底红镶边，色彩鲜明。

存放：密封后放避光、阴凉处保存为妥。

据《崇安县新志》载：肉桂树最早发现于武夷山慧苑岩牛栏坑，亦有说原产于武夷马头岩上，为武夷名丛之一。肉桂是以香型为特征命名的茶树品种，其桂皮香明显。用科学仪器对肉桂香气进行分析，确定其香气馥郁持久，具清雅的肉桂香气，属清花果香型，证明了前人对肉桂香气的取名与评价是极准确的。武夷肉桂是武夷岩茶中最受欢迎，也是最具典型代表的名丛之一。

水金龟

条索紧细，乌润起白砂。

《武夷山玉谷茶业有限公司提供样品》

汤色橙黄艳丽。

武夷岩茶的名丛，大多都有一个美丽而又神奇的传说。这些名丛的茶性，又恰恰如传说一般的神奇，水金龟就是这些名丛中最为典型的品种之一。2007年，笔者初尝的水金龟，便是当年武夷山茶王赛上得银奖的。能有幸品尝到这样的好茶，可能也是钟爱武夷岩茶得到的一种馈赠吧。

叶底鲜活，软亮。

外形：水金龟干茶色泽绿褐，较为幼嫩，其条索匀整紧细，乌润略起白砂。细看一条干茶具有"三节色"，即一根茶条同时具有柄端的青色、叶边缘的红色和叶片当中的黑褐色。这是一款火功极好的岩茶。

汤色：一泡水下来，观汤色橙黄艳丽，晶莹透亮。

滋味：初闻杯盖，便觉一股清新的水蜜桃香沁入心脾。真乃仙果妙韵。茶汤一入口，便觉滑顺甘润，滋味鲜活，令人爽服。三四泡水后，蜜桃香渐弱，而乳香味渐显，两种香型互相转化。七八泡水后，则香全变为乳香了。而第二次泡此茶时，其香气的变化正好相反，乳香先显，蜜桃香后来。真是奇妙，变化不可捉摸。水金龟的香型非常丰富，不仅有蜜桃香和乳香，还有腊梅香、兰花香等。

叶底：品完此茶，笔者仔细观察了一下茶底，发现水金龟叶底非常鲜嫩软亮，红边足显。叶鲜嫩，易出乳香；而红边足显，恰恰说明作青到位，所以香型变化莫测。

存放：存放过程中，也以避光、密封、恒温积存为宜。

"水金龟"是武夷岩茶的"四大名丛"之一。此茶因茶青鲜嫩，所以在工艺上多用轻火或中火，少有足火。水金龟所用的火功通常不太高，冲泡中色香味往往都在变化；存放过程中，茶品亦会随着时间的推移，而发生变化。所以，建议此茶应在翌年底前饮用完，不宜长年久放。这样方可品尝到"水金龟"最奇妙的变化。

白鸡冠

干茶条形自然卷曲，色彩丰富艳美。

（武夷山宁谷茶业有限公司提供样品）

汤色清黄晶亮。

武夷山各大名丛之中，笔者最为喜爱的是白鸡冠。在中国诸多的茶树品种中，白鸡冠是仅见的发生叶艺变化的品种，故极为珍贵！茶树新芽儿呈嫩黄色，茶树叶为淡绿色，而绿叶之上有的带有白色覆轮边，有的在叶面上有不规则的白色斑块，这种叶面艺色的变化，使得白鸡冠更加珍奇。明朝流传下来的一则白鸡冠治恶疾的故事，使得白鸡冠茶声名大振。

叶底鲜活细嫩，黄叶红边，富丽堂皇。

外形：白鸡冠从外形上看，其条索紧实细长，色泽大体黄褐泛红，色彩丰富，有绿、黄、灰、褐、红等，是岩茶诸多名丛中最为艳美的。

汤色：白鸡冠的汤色橙黄明亮。

滋味：滋味浓醇甘鲜，入口齿颊留香，回甘隽永，韵味悠长。

叶底：观其叶底，呈淡黄色，红边艳丽明显，而且还柔软明亮。在岩茶各品种中，这是极为少见的，也大大增强了其观赏性。

白鸡冠茶树新芽嫩黄。

存放：新鲜的白鸡冠滋味最为清醇甘鲜。若保存不当，则会影响茶的品质。此茶的贮存方式也和其他的岩茶一样，需要密封、避光、恒温保存。

目前，白鸡冠在景区岩山与外山都有栽培，且品质皆优。此茶火功通常不高，"岩骨花香"是武夷岩茶的整体特色，而白鸡冠却独显清甜而柔媚的女性之美。

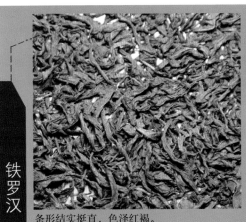

（武夷山宁谷茶业有限公司提供样品）

条形结实挺直，色泽红褐。

汤色橙红，有厚实感。

铁罗汉

铁罗汉，这个名字听起来就有一种厚实感。恰如其名，这款茶的特征就是滋味很有厚度。铁罗汉为武夷最早的名丛，也是四大名丛之一，相传宋代已有铁罗汉名。清代郭柏苍《闽产录异》载："铁罗汉为武夷宋树名，叶长。"可见其成名较早。又因，19世纪中叶，传

叶底红褐，发酵度高。

说福建惠安施集泉茶店经营的武夷岩茶中以"铁罗汉"最为名贵，因其有疗热病的功效，所以极受欢迎。

关于铁罗汉的原产地，说得较多的是武夷山慧苑岩的内鬼洞中（亦称蜂窠坑），也有一种说法认为原产地在竹窠岩。20世纪80年代以后，武夷山市才开始扩大栽培生产铁罗汉。

外形：干茶条索粗壮紧结匀整，色泽绿褐油润带宝色，呈铁色皮煞（蛤蟆背）带老霜，粗看与水仙的外形相似。

汤色：铁罗汉汤色清澈艳丽，呈深橙黄色。

滋味：茶汤一入口，便觉得浓厚甘鲜，香气浓郁悠长，"岩韵"特别显著，非常有厚度。

叶底：从叶底上看，通常软亮匀齐，红边带朱砂色，且叶底肥软，

绿叶红镶边。

存放：铁罗汉在保存时，应以密封、避光、恒温保存。

铁罗汉汤色浓艳，香气独特，滋味醇厚，具有爽口回甘的特征。铁罗汉恰恰展示的是一种"岩骨花香"的男子汉"阳刚"之美。

半天夭

条索紧结，色泽青褐。

汤色橙黄偏红。

（武夷山宁谷茶业有限公司提供样品）

半天夭，又名半天妖、半天鹞，原产于武夷山三花峰之第三峰绝对崖上。林馥泉《武夷茶叶之生产制造及运销》一书中介绍："当时调查武夷山茶树品种中之最费力者，半天夭在三花岩岩脚，仰瞻绝崖，咋舌说，半天夭地道的半天夭。"20世纪80年代以来，其便已扩大栽培，目前主要分布在武夷山内山（岩山）。

叶底软亮，红边明显。

外形：从外形上看，半天夭的条索较紧结，干茶色呈青褐色。

汤色：其汤色橙黄，略偏红色。

滋味：香气高爽，滋味浓醇甘鲜。有水中香，汤味绵醇。

叶底：叶底软亮，红边明显，呈三分红七分绿。

存放：半天夭在存放时，需密封、避光，放阴凉处存。

作为武夷岩茶四大名丛之一，在四大名丛中，半天夭的特征最不为明显。相比之下，既没有铁罗汉的厚重，也没有白鸡冠的柔媚，更没有水金龟的惊喜，但它却兼有其他三种名丛的特色，显得更为清雅。这种清新雅意的美感，也许正是它进入四大名丛之列的原因吧。

黄观音

条索紧结，色泽青褐。

（武夷山宁谷茶业有限公司提供样品）

汤色橙黄清亮。

黄观音是由福建省农业科学院茶叶研究所于1977—1997年间，采用杂交育种法，从铁观音与黄棪的人工杂交一代中，通过单株选种育成的，编号105。它在武夷山广泛栽培，是武夷岩茶中高香型品种。在武夷山落户生长后，再用武夷岩茶的工艺进行加工，黄观音便显现出了它独特的魅力。

叶底鲜活软亮，绿叶红边。

外形：从外形观察，黄观音的条索十分紧结，色泽绿褐润泽。

汤色：其汤色橙黄透亮。

滋味：滋味纯细甘鲜，香气优雅清芬，且细腻悠长，有黄金桂"透天香"的特征。

叶底：叶底亦是典型的绿叶红边，柔软明亮。

存放：此茶通常会制作成清香型的，焙火的温度也不会太高，因此存放时一定要密封、避光、置阴凉处，保存时间最好不超过 2 年。最好当年饮用，不宜久放作陈茶之用。

因其栽种环境多为外山（黄色壤土），产品缺少岩韵，所以主要特点是高香、水粗。因此，在冲泡时应尽量以小茶量、快出水为宜。喜爱喝铁观音茶人若向武夷岩茶转换口味时，黄观音是过渡期最佳的选择。

武夷奇兰

条形紧结壮实，色泽乌褐带宝色。

武夷山宇谷茶业有限公司提供样品。

汤色橙红，有内质感。

武夷山的奇兰是 20 世纪 90 年代从闽南平和县引进的白芽奇兰品种，在武夷山扩大种植后，按武夷岩茶的制作工艺制成的一个岩茶品种。它与其他地方的白芽奇兰风味不同，目前该品种已融入武夷岩茶名丛种类，成为武夷岩茶中一个独特的高香型品种。

清人李慈铭曾用"绰约丰肌分外妍，镜中倩影不胜怜"来赞美兰花，而笔者却以为此句正是为"奇兰"而作。兰花

武夷奇兰叶底黄褐，红边明显。

历来被国人赞为"国香""天下第一香"，以奇兰命此茶名，正是点出此茶的神韵之美。此茶中含有较丰富的芳香物质，对提神醒脑、头晕头痛、醒酒解腻有一定作用，对美容养颜、愉悦身心都大有益处。

外形：从外形上看，其条索肥硕，梗粗壮，节间长，色泽乌润、褐绿，稍带暗红。

汤色：汤色清澈明亮，呈深黄或橙黄色。口感变化不大，香气持久，回甘快。

滋味：奇兰香气高扬，沸水一注入，便有兰花般的香气溢出。或有或无，或隐或现，或浓或淡……正如幽谷兰花的放香一般，并且香气溶于水中。

叶底：观察其叶底，一般叶片粗大，长而渐尖，叶片主脉粗壮，锯齿明显，绿叶红边。

存放：存放时讲究密封，干燥，避光，防潮，勿与有异味物品共储。

武夷岩茶陈茶

（武夷山宁谷茶业有限公司提供样品）

十五年陈茶，干茶色彩红褐，有"陈色"。　　十五年陈茶，茶汤色彩深红浓艳，厚实沉着。

在武夷山，茶农和爱茶人大都有陈放岩茶当药的习惯。当地民间有一种说法：茶陈三年的是药，陈五年的是丹，陈十年的是宝。因为陈茶具有解暑去毒、养胃止泻和减肥的作用，对肠胃不舒服或上火等轻微的毛病，取出陈放多年的陈茶喝喝，有一定的效果。平时喝点陈茶，正好符合中医"重在养、不在治"的保健原理，但前提是陈茶必须要保存得当。

茶叶的内含成分主要由茶多酚、氨基酸、生物碱、维生素、叶绿素和一些香气成分等组成。这些品质成分多为还原性物质，极易受湿度、温度、光线和氧气等环境因素的影响，自身或相互进行水解反应、氧化反应、缩合或聚合反应等，从而形成一些较大分子的物质，使茶汤

十五年陈茶，叶底乌褐，已无鲜活度。

产生沉淀或水浸出物减少，并产生一些称之为"陈"的气味。岩茶属于半发酵的乌龙茶，品质主要以其特有的香气和滋味为主，但现在清香型的岩茶不适合陈放。重发酵足火功的岩茶其品质成分在加工过程中已变得相对稳定了，因此只需要密封、防潮、避光、避高温就可存放较长时间（如有需要，每隔两三年可取出复焙火一次）。

清初周亮工《闽茶曲》之六说："雨前虽好但嫌新，火气教除莫接唇。藏得深红三倍价，家家卖弄隔年陈。"新岩茶会有火气，一般是存放两三个月后香更醇。岩茶中以重发酵足火功制作的水仙和奇种最适合陈放。随着茶叶陈放时间的延长，各种香气成分发生了氧化或转化，新茶的清香日渐低落，陈味显露，而茶汤的滋味也变得更加醇滑柔和。一如岁月的洗礼，磨去了棱角，凝聚了沧桑变幻，留下了温润与醇和。

武夷岩茶茶饼

武夷岩茶茶饼。

（武夷山宁谷茶业有限公司提供样品）

汤色橙红清亮。

北宋时期，建茶以"龙团凤饼"而名冠天下。"龙团凤饼"也被称为"龙凤茶""龙团""北苑茶""北苑贡茶"等。当时的建州（今福建省建瓯市）人首先发明了紧压茶技术。

今天，武夷山茶人利用武夷岩茶的传统制作工艺，结合紧压工艺造型而造出武夷岩

叶底均为红色，绿色素已全部氧化。

茶饼；但它跟宋元时期的龙凤团茶是不同的两个概念。武夷岩茶茶饼多数采用水仙茶压制。为了安全存放，一般是足火烘焙，宜陈放。饼茶具有香久益清、味久益醇、性和不寒、久存不坏的陈茶品质特征，具有一定的药理功效，对肠胃不适有特殊疗效。茶饼干茶条索肥壮，色泽绿褐油润而带宝色，部分叶背呈现沙粒。香浓辛锐、清长。茶汤味浓醇厚，喉韵明显，回甘生津，汤色浓艳呈橙黄色。耐冲泡，叶底软亮。

老君眉

条形粗壮，色泽乌亮。

汤色橙红，鲜艳可爱。

武夷岩茶名丛中，老君眉是最具文化品味的名丛之一。《红楼梦》中曾提到，在栊翠庵品茶时，妙玉向贾母敬奉香茗，贾母对妙玉说："我不吃六安茶。"妙玉笑道："知道。这是老君眉。"老君眉到底是一种什么茶，红学界与茶学界还一直争论不止。

无论从干茶的匀整程度看，还是从茶汤的内质看，老君眉在武夷岩茶中都属于第一流的品种。其每一泡的变化都较明显，香气持久，滋味韵长。此茶实为茶中珍品，亦应是武夷贡茶之一。

叶底红边绿叶，对比明显。

外形： 老君眉条形壮实，色泽青褐。

汤色： 老君眉汤色橙黄，圆融可爱。

滋味： 老君眉香气馥郁持久，滋味甘醇，耐泡度高。

叶底： 老君眉叶底三红七青，作青非常到位。

存放： 老君眉在存放时，需密封、避光、置阴凉处。

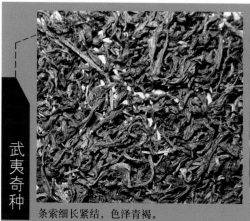

武夷奇种

条索细长紧结，色泽青褐。

汤色呈琥珀橙色。晶亮可爱。

（武夷山宁谷茶业有限公司提供样品）

武夷奇种是武夷岩茶中的菜茶系，其意是武夷奇种茶叶均由各种野生茶混合采集、制作而成，通常为小叶种茶的有性群体。所以，又被称作武夷野生茶。因为生长在野生状态中，无任何人工培育的行为及工业污染，所以，这是真正意义上的绿色食品。

外形： 武夷奇种干茶紧结匀整，条索紧细，色泽青褐。

汤色：武夷奇种汤色橙黄，有琥珀光彩，艳美可人。

滋味：武夷奇种口感甘爽明快，香气馥郁；香型混杂不够纯，有花香、果香或奶香及火功香等多种香型混合。武夷山茶人称之为"野味"十足。

叶底：观察叶底，则略欠匀整，有小叶、大叶、长形、圆形及椭圆形等多种叶形混合，绿叶带红边。

叶底嫩黄软亮，红边明显。

存放：保存时，宜密封、避光、置阴凉处，保存时间以不超过 2 年为宜。

由于菜茶的品种混杂，其香具有原味的大自然气息。在武夷岩茶各大名丛之间，武夷奇种茶有风味独特而又不夺他茶之胜的风格。

凤凰水仙与凤凰单丛

凤凰单丛中的杏仁香单丛，其条索乌褐细长。

凤凰单丛中的杏仁香单丛，其汤色橙清亮。

凤凰水仙主要产区为潮州凤凰山，为有性繁殖的地方群体品种，一般认为是水仙品种结合地名而称为"凤凰水仙"的。小乔木型，中叶种，主干粗壮较疏，较直立或半开展。叶尖有一明显特点，即叶尖端部略有弯曲，或左弯或右弯，状似鸟嘴，故称为"鸟嘴茶"。关于鸟嘴茶名称的由来还有一个美丽的传说：相传在南宋期间，宋帝昺南逃路经凤凰山，口渴难忍，这时有彩凤叼来一束茶枝和并蒂茶果，茶枝助宋帝止渴，茶果繁衍成的茶树以后就被叫做"宋种"；因是彩凤叼来之物，所以又称为"鸟嘴茶"。

凤凰水仙有"形美、色翠、香郁、味甘"之誉。茶条挺直肥大，色泽黄褐呈鳝鱼皮色，油润有光泽。茶汤橙黄清澈，沿茶杯壁会显现金光圈。味醇爽回甘，具天然花香，香味持久，耐泡度高。叶底肥厚柔软，边缘朱红，叶腹黄亮。

凤凰单丛是从凤凰水仙茶树中选育出来的优异单株，实际上是众多优异单丛的总称。其中按香气类型又可分为杏仁香、蜜兰香、黄栀香等单丛，以特别含义命名的有宋种、八仙、兄弟茶等单丛。

凤凰单丛中的杏仁香单丛，其叶底润泽，红边明显。

蜜兰香单丛

条形细长，色泽乌褐。

汤色橙黄，浓郁厚实。

蜜兰香单丛原产于广东潮安县凤凰镇，为凤凰单丛十大香型之一。其条索紧结较直，色泽乌褐较润。汤色黄亮，似茶油色一般有稠感；滋味浓醇爽口，有独特的蜜味，香气为天然兰花香和蜂蜜香，韵味长久，品种特征十分明显；叶底鲜活软亮，带红镶边；较耐冲泡。

叶底鲜活，绿叶红边。

宋种单丛

条形细长，色泽黄褐。

汤色橙黄，圆融鲜活。

宋种1号是凤凰茶区现存最古老的一株茶树，系从乌岽山凤凰水仙群体自然杂交后代中单株筛选而成，是著名的单丛之一。它生长在海拔约1150米的乌岽李仔坪村顶厝几块巨大的泰石鼓之间，据说是南宋末年由村民李氏几经选育后传至今天，树龄达600多年。现经批量扦插繁殖，已形成宋种1号无性繁殖系后代。目前，凤凰山周边各地均有引种栽培，高山地带数量较多。

叶底软亮，红边明显。

成茶条索紧实沉重，色黄褐油润；汤色金黄，香气浓郁，味道甘醇，韵味独特，回甘力强；耐冲泡。

八仙单丛

条形紧直，色泽黄褐。

汤色金黄，清亮透明。

母树原产于凤凰镇凤西垭后村，系从凤凰水仙群体自然杂交后代中单株筛选而成；是凤凰山名单丛之一，为凤凰茶区主要栽培品种。乔木型，中叶类，迟芽种。

成茶条索紧直，较其他单丛茶硕大，黄褐色，油润有光泽；汤色金黄，清澈明亮，韵味独特，甘醇爽口带微甜，香气高锐馥郁；耐冲泡。

叶底鲜活，绿叶红边。

姜花香单丛

条形狭长，细直，色乌褐。

茶汤色彩清黄，鲜亮透明。

姜花香，又名姜母香、通天香，原种系从乌岽山凤凰水仙群体的自然杂交后代中单株筛选而成，是凤凰山名单丛茶树之一。小乔木型，中叶类，中芽种。

叶底黄褐，软亮鲜活。

姜花香单丛在冲泡时，能飘溢出清高的姜花香气，其名也因此而得；又因滋味甜爽中带有轻微生姜辣味，故又称为"姜母香"。成茶条索紧直，较纤细，浅黄褐色油润；汤色金黄明亮，姜花香气清高持久，味道鲜爽，微甜中稍带生姜味，韵味独特；耐冲泡。

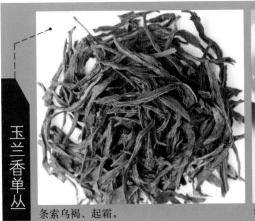

条索乌褐、起霜。

汤色清黄、透明。

玉兰香单丛为凤凰单丛花蜜香型珍贵名丛之一，原产潮州凤凰茶区，现广东罗定、英德有少量引种。无性系，小乔木型，中叶类，中生种。

成茶色泽黄褐，玉兰花香清幽馥郁；汤色清澈明亮，滋味浓醇鲜爽，连泡十几次香味犹存。

笔者在冲泡玉兰香单丛时，先闻干茶香，其玉兰香味就十分明显，再深闻之，则又有焙火的香气。冲泡时，杯盖香也十分明显。也许是因

乌龙茶

为笔者的口味较淡，浸泡时间都不长，出水时，汤色清亮透明，滋味清甜爽口。如果坐杯时间一长，汤色就会变得橙黄，苦味出现。所以，在泡凤凰单丛时，若口味清淡者，可缩短浸泡时间；如果口味重者，可以坐杯稍久些。总之，坐杯时间要因人而异了。

叶底嫩黄、有红边。

黄栀香单丛

条形狭细，色泽乌褐。　　　　　　　　汤色金黄清亮，有圆融流美之感。

　　黄栀香单丛是凤凰单丛中十大蜜香型名丛之一，其香型是典型的黄栀子花香，因此而得名。

　　条形细直狭长，自然卷曲，色泽乌褐。冲泡时，笔者喜欢投茶量稍少些，高温开水冲入后，出水时间可根据个人的口味决定。出水快，滋味淡薄些；出水慢，滋味更醇厚些。其汤色金黄明亮，圆融厚实。香气较高，入口滋味如蔗糖甜一般。但是，如果坐杯时间越久，茶汤就会越苦，而且那种"烂地瓜"的苦味愈加明显。所以，冲泡凤凰单丛时，浸泡时间一定不要太长。

芝兰香单丛

条形细直狭长，色泽红褐。

汤色橙红，清澈透亮。

　　芝兰香单丛，系凤凰单丛十大花蜜香型珍贵名丛之一，是凤凰水仙群体中的优异单株。无性系，小乔木，中叶类，中生种。

　　芝兰香单丛花香幽雅细长，滋味醇厚回甘，汤色橙黄明亮，极耐冲泡。多次获广东省名茶称号。

叶底鲜嫩，红边明显。

冻顶乌龙茶

外形圆结，颗粒饱满，色泽青褐。

汤色淡绿，清澈明亮。

冻顶茶是台湾茶的典型代表品种，台湾乌龙茶也就叫做"冻顶乌龙茶"。

冻顶乌龙茶中度发酵，稍显老练与成熟，讲究喉韵是冻顶乌龙茶的典型特征。其外形呈球形或半球形颗粒，色泽墨绿油润；汤色黄绿，香气高锐持久，滋味醇厚甘甜，深受世人喜欢。

冻顶乌龙茶叶底鲜活，略有绿叶红边。

阿里山乌龙茶

颗粒肥硕，青褐亮泽。

汤色白绿，清亮透明。

阿里山位于台湾省嘉义县，它不仅是台湾最美丽的风景区之一，也是台湾最主要的产茶区之一。阿里山茶园的海拔在800～1400米之间，是典型的高山茶区。

阿里山乌龙茶外形颗粒大，有厚实感，色泽青褐，有亮泽感。茶汤色白带绿，清亮透明。

叶底鲜嫩。

滋味清爽怡人，香气清幽。喝一口茶后，稍停一会，吸一口气，满口腔都是清凉感。综合来看，阿里山乌龙茶属于清淡型的，所谓"浓处味常短，淡处趣独真"，品阿里山乌龙茶，既可以清心，又可以养性。

金萱茶

干茶紧结，色彩绿褐。

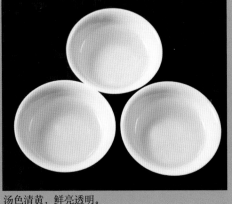

汤色清黄，鲜亮透明。

金萱是以硬枝红心作父本、台农八号作母本，于20世纪80年代培育成功的品种，命名为台茶十二号，其后又命名为"金萱"。金萱茶树采制的半球形包种茶就叫金萱茶。金萱茶最显著的品质特征是，具有天然的"牛奶香"或花香，以牛奶香最为上品。这种天然的奶香是其他茶类所没法制作出来的，因此备受大家推崇。金萱茶干茶色泽翠绿，有光泽；茶汤呈清澈蜜绿色，滋味清纯滑润，带有淡淡天然奶香或花香；风味独特，喉韵甚佳。

台茶"金萱"的青叶。鲜嫩、油亮，叶片厚实。

东方美人茶

条形自然卷曲，白、绿、黄、红、黑五彩纷 汤色晶黄清亮，怡神悦目。
呈，异常艳美。

　　东方美人茶又称白毫乌龙茶、膨风茶、东方美人、香槟乌龙茶。相传，早期此款乌龙茶外销至英国时，英国女王维多利亚品尝后赞不绝口，特地将其命名为"东方美人"；白毫乌龙茶名称是因其外观白毫显著而来；而膨风茶则意思是：茶好得可以吹牛皮了！东方美人茶原产地仅限于台湾新竹、苗栗几个地方，是台湾所特有的当地名茶。其加工工艺繁复，选料非常精细，品种为台湾当地的青心大叶种，采摘其细嫩芽头，而且每年仅限于夏季加工制作。

　　东方美人茶最特别的地方在于，采用被小绿叶蝉（又称浮尘子）叮咬吸食后的茶青作为原料，制作出来的茶才能达到最佳品质。也许是昆虫的唾液与茶叶酵素混合作用而产生了特别的香气，因此东方美人茶的好坏通常决定于小绿叶蝉的叮咬程度。为了保证小绿叶蝉有个良好的生长环境，茶树生长期间绝不能使用农药。因此，东方美人茶产量有限，也绿色环保，使它显得更为珍贵。

叶底亦是色彩丰富，自然舒展，软亮鲜嫩。

东方美人茶是半发酵类茶中发酵程度较重的茶类，发酵度约 65%，有些更高。儿茶素几乎一半以上被氧化，所以茶汤通常不苦不涩。典型的东方美人茶品质特征是，外观艳丽多彩，红白黄绿褐五色相间，自然卷曲宛如花朵；泡出来的茶汤呈鲜艳的琥珀色，香气带有明显的天然熟果香；滋味甘甜爽口，具有蜂蜜般的甘甜后韵；耐冲泡。它的品质特点近于红茶，介于红茶及冻顶乌龙茶之间，为典型的台湾名茶中的名茶。有人用雍容华贵、风华绝代的"中年贵妇"来形容它。

台湾杉林溪茶

干茶颗粒紧结，色彩鲜绿润泽。

汤色浅黄清澈，鲜亮透明。

杉林溪茶是台茶中的一款高山茶，主产于羊仔湾、龙凤峡一带。茶园多位于海拔1500米左右的高山，终年云雾缭绕，降水充足，土壤肥沃，不受污染。

在台湾的诸多乌龙茶中，杉林溪茶也属于发酵度轻的一种茶。它更突出了台茶的口感新鲜、滋味清雅、香气清幽的特色。冲泡时，一般用盖碗冲泡，

叶底嫩绿鲜活

出水后碗盖要拿掉，不能继续盖上；否则，会产生"闷"的味道，大大降低了茶汤新鲜感。

色泽青润，鲜度高。

茶汤清澈透亮。

川西北野生乔木种青叶，叶肥硕，鲜嫩。

叶底软亮，绿叶红边稍显。

　　笔者在四川绵阳安县茶坪乡，以高山野生茶的茶青，试制了冻乌龙茶。工艺以福建乌龙茶的工艺为主，采三叶一芽的小开面茶青，经过萎凋、摇青、做青、堆青、炒青、微烘、冷冻等工序，密封后放冰箱冷冻保存。成茶条形紧细，保持了绿叶红镶边的特色。冲泡时，从冰箱取出，直接用开水冲泡，花香气显，滋味甘甜，回甘迅速。

　　总而言之，川西北的野生茶也能做出品质较高的高山乌龙茶。

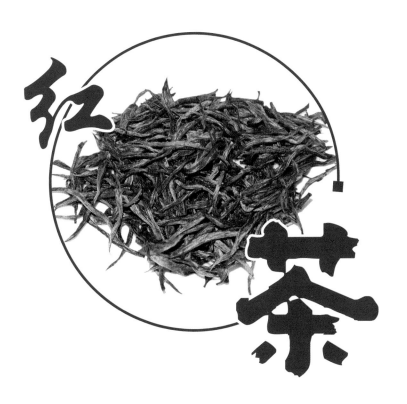

红茶

（一）红茶的特点与品鉴

红茶及其起源

红茶是全发酵茶，其发酵度通常达到 80%～90%，甚至更高。在发酵过程中，茶叶内产生了以茶多酚酶促氧化为中心的化学反应，茶多酚减少 90% 以上，而大量的茶黄素、茶红素等新成分产生，形成红茶所特有暗红色茶叶、红色茶汤；酚酊类的香气物质，也从鲜叶中的 50 多种增至 300 多种；最终形成了红茶汤色汤艳、滋味甜润、香气醇郁的品质特征。

红茶的起源，应该说是以武夷山星村的正山小种为源头。明初期，开国皇帝朱元璋为发展经济，减轻民众负担，于明洪武年"罢造团茶"，改贡散茶。在改制散茶后，因制作散茶的技术落后，武夷山生产出来的散茶品质低劣。明末，崇安县令为重振武夷茶，引进先进的松萝法制茶技术。在引进松萝法后，却出现了另一种情况：武夷山的茶农采摘茶青的时间往往集中在天气晴朗的上午，大量堆积的茶青未能及时处理，自然萎凋后有些会在堆积中发酵，这些茶青经炒制后再焙干制成的茶，汤色会出现变红的现象，红茶也因此诞生了。也可以说，正山小种红茶技术的发现，是一个巧合。

武夷山星村小种红茶流传于世后，各地纷纷仿制。武夷山为了保护原产地，将星村小种红茶取名"正山小种"，以示正宗。正山小种红茶的技术还流传到了海外，在全世界风靡起来。

在全球茶叶市场消费中，红茶居第一位。世界上的四大红茶分别为我国安徽的祁门红茶、印度的阿萨姆红茶和大吉岭红茶、斯里兰卡的高地红茶。

中国红茶主要品种与制作特点

我国红茶品种主要有：产于福建武夷山的正山小种、政和的政和工夫、福安等地的坦洋工夫、福鼎的白琳工夫；产于安徽祁门、东至等地的祁红；产于云南佛海、顺宁等地的滇红；产于安徽六安、霍山等地的霍红；产于江苏宜兴等地的苏红；产于湖南安化、新化、桃源等地的越红；

产于四川宜宾、高县等地的川红；产于广东英德等地的英红。

红茶是一种全发酵性的茶。根据茶形的不同又可以分为两大类，一类是条形红茶，另一类是碎形红茶。条形红茶的制作通常经过采摘、收集、萎凋、揉捻、发酵、干燥、分类等7个主要阶段。碎形红茶则是经过采摘、收集、萎凋、ＣＴＣ（切、撕、揉）、发酵、干燥、分类等7个主要阶段。

发酵，俗称"发汗"，是红茶制作一个最为重要的环节；指将揉捻过的茶叶按一定厚度摊放于特定的发酵容器中，茶叶中化学成分在有氧的情况下发生氧化变色的过程。发酵的目的，就是使茶叶中的多酚类物质在酶的促进作用下发生氧化，使绿色的茶坯产生红变。

工夫红茶的由来与命名

工夫红茶的出现首先是为了有别于正山小种之名。当时，正山小种红茶刚开始走红的时候，市场上供不应求，便有很多茶厂开始仿制。武夷山星村正山小种红茶为了表示自己是正宗的红茶之祖，便将星村桐木一带生产的红茶称为"正山小种"，外地生产的红茶则称"工夫红茶"。工夫红茶之名由此而来。

目前我国19个产茶省区（包括试种地区新疆、西藏）中，便有12个省先后生产工夫红茶。我国工夫红茶品类多、产地广。按地区命名的有滇红工夫、祁门工夫、浮梁工夫、宁红工夫、湘江工夫、闽红工夫（含坦洋工夫、白琳工夫、政和工夫）、越红工夫、台湾工夫、苏红工夫及粤红工夫等。按茶树品种特征划分，可分为大叶工夫和小叶工夫。

红碎茶的特点

传统制茶中没有专门切碎的红茶。揉捻过程中自然会产生一些碎茶，但这种碎红茶产量不高，滋味浓厚。在冲泡这类茶时，要注意投放量略少些或出水稍快些。

非传统制法的红碎茶，则是由专门切碎机生产的。这种生产工艺彻底改变了传统的揉切方法，通过机器加工，可以在很短的时间内就达到了破坏细胞的目的，同时将叶片全部轧碎呈颗粒状。其发酵均匀而迅速，

正山小种碎红茶，人为切碎后，条形细短。

正山小种碎红茶，从叶底上看，茶叶被人为切碎。（武夷山宁谷茶业有限公司提供样品）

所以必须及时进行烘干，才能达到汤味浓强鲜的品质特征。不同机械设备制成的红碎茶，品质悬殊。

对红碎茶的总体要求是：外形颗粒大小匀齐，色泽乌褐或泛棕；香气馥郁，汤色红艳，滋味鲜爽浓厚；叶底匀红。

我国红碎茶的生产比较晚，应该是20世纪50年代后期才开始生产。近年来产量不断增加，质量也在不断提高。

正山小种碎红茶，冲泡这类茶可以适当少放些或是出水稍快些。

陈年红茶的特点

红茶是全发酵茶，如保存得当，不仅不会影响茶的品质，而且会得到另一种陈茶的奇特品质。

以下分别用 7 年、10 年、20 年的正山小种陈茶为例，介绍陈年红茶的特点。武夷山茶农自古就有斗茶的习俗，曾有诗句"家家卖弄隔年陈"。笔者以为，这里用"卖弄"两字来形容斗茶的场面，最为妥帖，将茶的最高境界与茶农们的心理都呈现出来。熟悉闽北乌龙茶及正山小种红茶的茶友们都知道，以"南香北水"著称的闽北茶，茶汤滋味内容最为丰富，堪称所有茶类中滋味第一。通常当年的新茶，滋味与口感不如第二年的茶醇和，所以，"隔年茶"才更适宜品饮。年代越久，茶品质变化越多。随着陈放年代的久长，茶的品质会变得更加厚实丰富，仿佛一个有生命的机体在逐渐长成，将岁月的刻痕嵌入茶中。

7年的陈茶正山小种，其条索的鲜活度还能明显看出，说明保存得较好。

7年的陈茶正山小种，在阳光下汤色十分鲜艳，仿佛新茶的鲜红可爱，然而从杯底那细微的粉末，即可明白茶的陈化作用已表现出来。

7年的陈茶正山小种，从叶底上看，其鲜活度尚存，仿佛正山小种新茶一般，色彩红褐润泽。

10年的陈茶正山小种，其条索色彩乌褐，尚存一些鲜活的气息。

20年的陈茶正山小种，其条索色泽乌褐，新茶的润泽感早已消失。在自然陈放过程中，已"年老色衰"。

10年的陈茶正山小种，在阳光下照耀下，色彩依然红艳；如果失去阳光的照耀，则是红褐色的。10年的陈放，滋味已十分柔顺，棕香味开始显现。

20年的陈茶正山小种，茶汤色彩较10年陈的更加浑厚，滋味更加滑顺，且棕香非常明显。

10年的陈茶正山小种，叶底枯黄，色泽红褐，一些当时发酵不充分的青叶，依然青色，似乎要告诉我们什么。

20年的陈茶正山小种，叶底枯黄乌褐，早已失去了鲜活度，显现了年月的沧桑，仿佛向人们诉说那段茶的故事。（福建省邵武市游志健先生提供样品）

冲泡正山小种的讲究

正山小种红茶的饮用方式，有多种变化。从冲泡方式来看，有工夫茶冲泡法和煮茶法的区别。从调味方式来看，有清饮法和调味法。但无论采用哪种方式都要注意以下几点：

（1）清洁器具：冲泡之前，不论采用何种饮法，都得准备好茶具，先清洁，再用沸水对茶具进行消毒。

（2）量茶入杯：以工夫茶冲泡方式来看，每杯通常只放入 3 ~ 5 克的红茶，或 1 ~ 2 包袋泡茶。若用壶煮，则应按茶和水的实际比例来确定茶的投放量。

（3）烹水沏茶：冲泡时，应冲入 100℃沸水。品饮时，最好选用白瓷杯或玻璃杯，以便"茶颜观色"。欣赏茶色，亦是品茶的内容之一。通常优质的正山小种红茶，汤色橙红透亮，令人赏心悦目。

（4）出汤时间：每一泡茶出水的时机都应掌握准确，使连续几泡的茶汤味道尽量一致。冲泡正山小种红茶时，一般出水的时机比冲泡岩茶的时间要快、短些。具体的时间，可以凭经验和个人口味喜好来确定。

（5）品饮闻香：待茶汤溢出时，可先举杯闻香。通常正山小种的香气是一股浓厚的桂圆香。若是烟种的正山小种红茶，还会夹带着马尾松的油脂香和烟火香。如果是无烟种的，则可以闻到如岩茶中奇种的菜茶一般的花果香。举杯品味时，正山小种的口感是一股清新的甜味。所以，正山小种红茶受人喜欢，特别是初学品茶者。

桐木关

（二）名优红茶

正山小种

无烟正山小种条索色泽红褐色。

无烟正山小种汤色橙红艳丽。

正山小种被称为红茶的"鼻祖"。早期的正山小种都是用松针或松柴熏制而成的，近年为了适应不同口味的茶叶爱好者需求，也生产出不用松针或松柴熏制的正山小种，因此前者就称为"烟正山小种"或"烟小种"，后者就称为"无烟正山小种"或"无烟小种"。这两种制作工艺生产出来的正山小种有明显的区别。

无烟正山小种叶底红褐色。

首先，从外形条索来看，这两种工艺的正山小种并没有太大差别。无烟正山小种的外形色彩为深红褐色；因为熏制的原因，烟正山小种的干茶色彩更黑且润泽些。

其次，从汤色上看，无烟正山小种汤色红艳，清澈明亮；烟正山小种色彩则更加浓艳。

再次，从内质上看，这两种工艺的正山小种都有明显的甜味；烟正山小种有显著的桂圆汤香甜味，香气芬芳浓烈，滋味甜醇；烟正山小种

烟正山小种条索色泽乌褐色。

烟正山小种叶底红褐，色彩更为浓艳。（福建省邵武市游志健先生提供样品）

还具有独特的松烟香味，口感滋味也比无烟正山小种更浓郁些。

最后，这两种工艺的正山小种在陈放过程中，也会有不同的变化。

正山小种红茶保管方法比较简易，通常采用常温下密封、避光保存即可。因其是全发酵茶，一般存放一两年后松烟味进一步转换为干果香，滋味变得更加醇厚而甘甜。茶叶越陈越好，陈3年以上的正山小种味道开始变得醇厚韵长。

烟正山小种汤色也是橙红艳丽。

金骏眉

金骏眉条形绢秀细小，且有金毫显现，有金、褐、黑三色相间。

银骏眉

银骏眉条索比金骏眉更为粗大些。

铜骏眉

铜骏眉（小赤甘）条形最大，三者之中，显得最为粗糙。

（武夷山宁谷茶业有限公司提供样品）

金骏眉是针对高端消费者而研发的一款红茶。随着金骏眉的走俏，银骏眉、铜骏眉也应运而生。一般而言，金骏眉是用单芽制作而成的，银骏眉是用一叶一芽制作而成的，铜骏眉是用二叶一芽制作而成的。三者的制作工艺基本相同，都是红茶制作法。通常，每斤（500克）金骏眉有六七万个芽头。所以，金骏眉的产量最低，价格极高。目前，金骏眉的市场价格基本上是万元左右，甚至更高，绝非普通百姓所能消费的。

金骏眉按产地来分，以武夷山桐木产的高山金骏眉最佳，价格也最高。购买时，还是应找信任的厂家或茶商，以免上当受骗。因为有些不良茶商将外山金骏眉与桐木产的进行拼配，或直接用外地的充作桐木的金骏眉。按产期来分，金骏眉一般以春茶最佳，夏茶和秋茶次之。而春茶中的金骏眉又以头春的最好，然后才是二春、三春等。头春茶即开春后，谷雨前采摘制作的第一道茶。这和绿茶中的雨前茶标准是一致的。从外形上看，金骏眉皆为单芽，芽色为金黄色，且芽上带有毫毛，条形自然微卷曲。购买金骏眉时，如产地和产期都无法确定，就要靠一个敏锐的味蕾和品茶经验了。一般来说，香气高锐的并不是最好的，最佳的香应该是悠悠漫长，而口感以轻柔甜嫩的最佳。如果带有苦、涩、麻、酸、辛等异味时，则是品质较差的，价位应该比较低。

其实，如果山场好、制作工艺精良，银骏眉和铜骏眉中亦有品质优良者。

庐山汉阳峰金骏眉

干茶条形紧细，色泽有乌、褐、黄等。

汤色金黄，滋味甘甜，香气甜柔有花蜜香。

庐山云雾茶多以绿茶为主，鲜有制作红茶者。近年来，虽然庐山有不少茶企开始研制和生产红茶，但是像金骏眉这样高端的红茶几乎无人制作。2017年，笔者来到庐山，研究各类茶产品，金骏眉亦是其中之一。

在庐山当地，人们皆以汉阳峰茶为最好。笔者便以汉阳峰的茶青来加工制作金骏眉，

叶底软亮，芽形饱满，色彩红嫩。

并名之为"喜庐云芽"。 金骏眉采自单芽，首先要自然萎凋，再进行手工揉捻单芽，要求动作轻柔，以芽揉芽。金骏眉发酵时，采取自然发酵方式，发酵完成后烘干即可。

单芽非常嫩，必须手工揉捻，图中揉捻的芽青已经在发酵。

政和工夫

条形纤细，金毫明显，色彩由金黄色与乌褐色相间。

汤色橙红，厚实感强。

政和工夫红茶按品种分为大茶、小茶两种。大茶系采用政和大白茶制成，是闽红三大工夫茶的上品。其外形条索紧结、肥壮多毫，色泽乌润；内质汤色红浓，香气高而鲜甜，滋味浓厚；叶底肥壮尚红。小茶系用小叶种制成，其条索细

叶底鲜活，色彩红艳。

紧；香似祁红，但欠持久；汤稍浅，味醇和；叶底红匀。政和工夫以大茶为主体，扬其毫多、味浓之优点，又适当拼入高香之小茶。高级政和工夫红茶体态匀称，毫心显露，香味俱佳。

百年政和工夫，一经问世即享盛名。19世纪中叶年产量达万余担，后因种种原因，产量大幅下降，至20世纪60年代，年产量已不及高峰时的十分之一。近年来，政和已大面积推广种植茶树，茶产业成为当地农业的主要项目。

条索纤细，色泽乌褐。

汤色红艳，圆融活脱。

坦洋工夫茶主要分布在宁德地区的福安、柘荣、寿宁、周宁、霞浦及屏南北部等地。2007年2月坦洋工夫正式获得"中国地理标志"认证。

坦洋工夫茶的外形细长匀整，带白毫，色泽乌黑有光；内质香味清鲜甜和，汤鲜艳呈金黄色，叶底红匀光滑。其中

叶底红褐。

坦洋、寿宁、周宁山区所产茶，香味醇厚，条索较为肥壮，东南临海的霞浦一带所产茶色泽鲜亮，条形秀丽。

在众多的红茶品种中，笔者以为坦洋工夫的汤色最为艳美，其滋味却不是笔者的最爱。坦洋工夫茶汤中，甜味往往不足，偏于清澈透亮的感觉，有高山韵；但滋味中又往往带有一点似苦非苦的感觉，也许这正是坦洋工夫的特色吧。

都岭红冠

条形细长，自然卷曲，色泽乌褐。

（北川羌族自治县九龙谷原生态茶叶加工厂提供样品）

汤色橙黄，有喜人之美色。

都岭红冠产自四川省北川羌族自治县，这里自古就是茶的重要产区，以前主要生产藏茶，现在引进了各种茶叶加工技术，红茶就是近些年引进的新工艺。由于川西北产区的茶树都以古乔木茶树为主，所以品质较高。笔者曾多次深入这些茶产区考察，发现这里几百年茶树到处都是，资源非常丰富。在保护这些古茶树的前提下，进行合理开发利用，是个值得研究的问题。

都岭红冠，先天具备了好茶的品质。生长在高海拔山区，远离工业污染；又是利用老树茶青制作，有"原汁原味"的感觉。冲泡时，可根据自己的口味，选择茶汤的浓淡。若出水快些，茶汤橙黄色，滋味鲜甜；若泡浓些，茶汤红艳，滋味浓醇。

宁红工夫

条形细小，布有毫毛。

汤色橙红，艳美喜人。

江西修水县，旧属"义宁州"。所以，江西修水所产的功夫红茶，被称为"宁红茶"。江西宁红是由红茶发源地福建武夷山市（原崇安县）传到江西铅山河口，再传到修水漫江，江西先有"河红"后才有"宁红"，至今也有100多年的历史了。目前，江西宁红主要以修水、铜鼓、武宁三县为主要产区。

红茶

宁红金毫叶底红褐，芽小细嫩。（江西宁红有限责任公司冷方武提供样品）

2010年江西省茶博会上，江西省宁红有限责任公司提供的宁红金毫，是一款以单芽制作的精致红茶，是属于金骏眉之类的芽制红茶。条形细小，布有金毫，红褐色的条索与金黄色的条索映衬出一种高贵的品质。冲泡时，水温不宜过高，杯盖香气馥郁，其汤色橙红，异常美艳。茶汤入口滋味清爽，与正山小种相比，甜味不足，清韵有余，另有特点，果然不负盛名。

祁门工夫

条形细小乌褐，为芽茶制作。　　　　　　　汤色红艳，甚是喜人。

安徽祁门工夫红茶简称"祁红"，产于安徽省祁门县等地。原来安徽祁门只产绿茶，品质亦优。光绪元年，福建崇安县令余干臣罢官回籍，将武夷山正山小种红茶的制作技术，带回了家乡安徽祁门。从此，祁门由绿茶改制红茶，并延续至今，已有100多年的历史了。1915年，在巴拿马万国博览会上荣获金质奖章和奖状。目前，祁门工夫红茶远销英国、荷兰和德国等10多个国家和地区，是我国出口量最大的红茶品种。

祁门红茶汤色红艳明亮，香气似浆果香，且又略带兰花香，这种独特的香型，被誉为"祁门香"。这也许是祁门红茶能迅速崛起并成为后起之秀的重要原因吧。

目前，祁门红茶的条索有紧细秀长芽茶与切碎茶两种。品饮方式可根据个人喜好，采用传统工夫茶的冲泡方式单独泡饮，也可加入牛奶或糖调饮。

（九江善德古茶庄李宏伟提供样品）

条索壮硕，自然卷曲，周身金黄艳丽。　汤色橙黄晶亮，清澈透明。

云南红茶，简称"滇红"，主要产于云南省南部与西南部等地区。产区平均海拔在1000米以上，四季降水丰富，是典型的高山茶区。其制作工艺一般有萎凋、揉捻或揉切、发酵、干燥等工序。

叶底肥硕，为单芽制作。

本书中介绍的这款滇红金芽，取自云南大叶种普洱茶树，以单芽标准采摘。干茶周身金黄披毫，芽形壮硕匀整。冲泡时，香气迅速飘逸散发，闻杯盖，其香气馥郁，香型与其他红茶不同，有浓郁的花香并带有蜜底香。汤色金黄明亮。滋味甘甜，清甘甜亮，浓醇柔滑，有类似生普的特征出现。茶汁溢出也快，可根据个人口味，调整坐杯时间。冲淡些，可泡二十余泡；坐杯时间长点，则汤色红艳，滋味浓醇，十几泡亦可。其甜又与正山小种、政和工夫、祁门红等不同，有典型的普洱茶地域品种特征。可以说这是一款滇红中品质较高的精品。

河口老树红茶

干茶条形粗壮乌褐。

（铅山县天鑫河红茶有限公司提供样品）

茶汤橙黄，色泽艳美。

河口镇属江西上饶铅山县所辖，位于武夷山脉西面，这里崇山峻岭，植被良好，生态环境未受到工业污染，其所出红茶称为河口红茶，简称"河红茶"，是江西历史名茶之一。河口镇也是万里茶道重要的第一站，在17世纪，武夷山红茶的外销是从桐木关经河口镇运至广州码头。后来，武夷山的红茶从星村经水路运到福州出口。河口镇旧名之盛，可与景德镇齐名。河口红茶至今仍是中国重要的历史名茶之一。

叶底肥硕，黄中显青。

铅山县天鑫河红茶有限公司生产的这款老树河口红茶，茶青均采自百年老茶树，为老树红茶。冲泡时，其香气有明显的"丛味"，滋味鲜甜甘醇，耐泡度高，当为河口红茶中的精品。

外形颗粒细小，色泽乌黑。

茶汤橙黄，清亮透明。

　　读者在看到这里时，一定会觉得奇怪，为什么把斯里兰卡黑茶归入红茶？其实，斯里兰卡黑茶本身就是红茶。其英文名为 black tea，意为：黑色的茶。通过英汉直译，就被称为黑茶了。然而，茶叶的分类一般是根据加工的工艺来划分的。这款斯里兰卡黑茶从制作工艺上来讲，是地道的红茶。

　　斯里兰卡为了向全球推广他们的红茶，斯里兰卡国家茶叶局作出了巨大的努力，成功地建立了国际品牌，这是值得我们国家茶叶界学习的。

　　由于斯里兰卡黑茶颗粒非常细小，所以在冲泡时，笔者刻意少放一些，因为颗粒小，冲泡时溢出较快，少放些容易掌握浓度。汤色橙黄偏红，香气幽，滋味平淡，既不甘甜，亦不苦涩。极宜于加奶或加糖调配口味。也许，这正是斯里兰卡红茶在西方市场大受欢迎的原因之一吧。

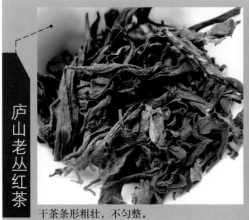

干茶条形粗壮，不匀整。

汤色金黄明亮，滋味鲜甜，有特殊的丛味。

2017 年，笔者在庐山成立茶叶研究所，研制庐山老丛红茶是其中一项课题。端午节后，庐山的绿茶几乎停止生产，而此时一些茶芽逐渐长成大叶，适宜用来制作红茶。庐山老丛红茶的茶青就是采自海拔 1200 米以上的茶园、野林茶等处。茶青标准以三叶一芽甚至四叶一芽为主，有些茶园采摘二叶一芽后留下当年的老叶片，也被采摘来制作老丛红茶。通常

叶底粗老，叶底色泽橙红。

这些老叶片，在当地不为茶人所用，造成资源浪费。笔者将这些被庐山茶农废弃的茶青，进行萎凋，再渥堆、揉捻、发酵、烘干，做出了与武夷山桐木关老丛红茶相近的老丛味红茶。老丛红茶将成为今后庐山红茶中的一个重要新产品。

茶青多为当年生的老叶片。

明威凤羽

干茶条形紧细，黄毫明显，为早春单芽茶典型特征。

茶汤金黄透亮，茶汤异常干净，为典型的生态有机茶特征。

四川宜宾，是中国的早茶基地，在正月里，这里的茶叶已经开始发芽，可以说这里的春茶是中国茶叶最早的春茶。2015年，笔者受申酉辰明威农业发展有限公司董事长孙力民邀请来到宜宾市明威镇，参观指导这里的茶产业。这里的气候很适宜茶叶种植，很奇特的是这里的土壤与武夷山丹岩的

叶底细嫩，色红，发酵匀整。

红沙壤土非常接近。唐代陆羽《茶经》上有这么一句话"上者生烂石"，即上等的好茶是生长在烂石头里的，即风化土质丰富的地方。而明威的茶山正是红砂壤土质，这种土壤里种植的茶叶，品质极优。更可贵的是，申酉辰明威农业发展有限公司在茶园的种植管理上，完全采用了生态有机的管理模式。在茶园里广布水雾喷管，茶园中间植沉香、油樟等经济植物，与茶园形成较为完善的生态环境，同时，在不同时期种植不同的经济作物，油菜花不仅美化茶园，也可作为绿肥提高土壤肥力。这种主体生态茶园建设，充分体现了明威申酉辰人的智慧。

2018年元宵节后，笔者应邀来到明威，带领申酉辰明威农业发展有限公司的余小彬、顾凤等开始研制中国早春红茶，将春天的第一茬茶芽

采撷卜来，并根据早春茶芽鲜嫩的特点，采用萎凋、手工加机器揉捻的方法，自然发酵后烘焙干燥而成。其条形紧细如眉，黄褐相间，色泽温润。香气甜醇，滋味柔顺，入口即化。它为中国红茶家族添加一位新成员，因干茶条形紧细显毫，故取名为"明威凤羽"。

申西辰明威茶园中，人工喷雾管道密布，形成人造云雾茶的生长环境。

浮梁红茶

条形紧实、显毫，色泽乌褐。

汤色金黄清亮。

2017 年底，笔者到江西浮梁的新佳茶业基地考察，了解到该茶园一个按有机标准管理的茶园，严格把控农药化肥的使用，以确保食品安全。这是一个有良知的茶人才能如此严格地执行标准。吴翊东总经理非常认真地从库房里取了几款红茶样品，并仔细地标注了每款样品茶的产地、采摘时间、制作方法、保存方法等。笔者对吴总经理提供的两款浮瑶红茶进行品尝：其一，条形紧细，色泽乌褐显黄，闻干茶有明显的芋头香；茶汤色金黄，滋味甜润，入口滑顺；坐杯后，汤色橙黄，滋味浓郁；叶底红亮，发酵均匀。其二，外形特征接近，也是条形紧细，色泽乌褐显黄；干茶有芋头香；

叶底肥硕，色红嫩，发酵匀整。

汤色金黄，滋味甜柔，水路细嫩，冷盖有奶香；叶底红亮，发酵均匀。这两款红茶，加工工艺一致，因山场区域的不同，品质特征略有不同。但因其皆水甜，水润，彰显了生态有机茶的特征。

1915年巴拿马太平洋国际博览会中国馆大门门楼

提到浮梁红茶，就不能不提"天祥茶号"。"天祥茶号"是清朝嘉庆末年御赐的品号，江氏先祖在浮梁县严台村奉旨而立的，至今有190余年历史。据严溪《济阳江氏》宗谱记载：大清嘉庆乙卯年（1819），圣品饶州浮梁贡茶，欣谕，"天之品，祥之茗"赐"天祥号"。修为公奉旨而立。

"天祥号"咸丰中期大量生产红茶，并在上海设立茶号店铺。1877年，天祥茶号第一代传人江资甫接管茶号后，因其形美、色艳、味醇、香郁四大特点赢得中外茶商青睐，茶叶远销海外夷邦。1915年，"天祥号"红茶代表上海茶叶协会参加巴拿马万国和平博览会，一举夺得金奖。

2018年6月，笔者随江西农业杂志社记者张帮人考察浮梁红茶，来到了"天祥号"所在的严台村，参观了"天祥号"茶厂及博物馆。同时，也考察了1915年获得巴拿马金奖的那片茶山。从严台村

严台村的老茶树。

传承匠心，坚守荣耀，严台江氏子孙诵读《浮梁茶·天祥号》三字经。

斯里兰卡南方省省长、制茶世家赫马库玛拉·纳纳亚卡拉在陶瓷节上参观天祥茶号展馆。

出发，沿山路行进约5公里，然后步行进山。一路上泉水淙淙，绿树成荫。在山坳处都有茶树，而且大都是古茶树，其树龄最老的有四百年左右，被命名为"群芳醉"。

2014年，天祥茶号第三代、第四代嫡氏传人为传承祖业，逆市复出，组建"浮梁县天祥茶号有限公司"。按照"公司+合作社+农户"方法，整合了高香农耕茶山近4000余亩，其中古茶树面积达500余亩，带动了2个合作社以及500多户农户共同发展。所产的红茶2016年8月获得"国饮杯"一等奖；2017年8月"中茶杯"一等奖；2018年5月"宁红杯"手工制茶一等奖；2018年6月"庐山问茶"金奖。茶叶主要品牌"天祥号"和"江资甫"双双获得"江西省老字号"，第四代传承人江建鸿和天祥茶号基地分别荣获"非遗传承人"和"非遗传承基地"称号。茶山和茶叶均通过了有机认证。

"天祥号"正在焕发着新的光芒。

黑茶

（一）认识黑茶

黑茶的特征

黑茶属后发酵茶，是我国特有的茶类，生产历史悠久，花色品种丰富。早在11世纪前后，即北宋熙宁年间（1074）就有用绿毛茶做色变黑的记载。以湖南、湖北、四川、云南、广西等省区为主要产区。黑茶的年产量很大，仅次于绿茶、红茶，成为我国的第三大茶类。因黑茶渥堆时间较长，多酚类化合物氧化程度较黄茶更充分，经过微生物作用，从而形成黑茶色泽油黑或暗褐、茶汤褐黄或褐红的特征。

生普与熟普的区别

普洱茶的定义是以云南省一定区域内的云南大叶种晒青毛茶为原料，经过后发酵加工的散茶和紧压茶。普洱有生茶和熟茶之分，也就是我们平常所说的"生普"和"熟普"。

普洱茶（生茶）是以符合普洱茶产地环境条件下生长的云南大叶种树鲜叶为原料，经杀青、揉捻、日光干燥、蒸压成型等工艺制成的茶，包括散茶及紧压茶。其品质特征为：外形色泽墨绿、香气清纯持久、滋味浓厚回甘、汤色绿黄清亮、叶底肥厚黄绿。

普洱茶（熟茶）是以符合普洱茶产地环境条件的云南大叶种晒青茶为原料，采用渥堆工艺，经后发酵（人为加水提温促进细菌繁殖，加速茶叶熟化去除生茶苦涩以达到入口淳化汤色红浓之独特品性）加工形成的散茶和紧压茶。其品质特征为：汤色红浓明亮，香气独特陈香，滋味醇厚回甘，叶底红褐均匀。

"金花"对黑茶品质的影响

茯茶用黑毛茶为原料加工而成，"发花"是形成茯茶的关键技术，不经发花的茶，是不能称之为茯茶的。发花其目的在于通过控制一定的温湿度条件，使微生物优势菌在一定松紧度的茶砖中繁殖，这种优势菌即"冠突散囊菌"。它是一种金黄色颗粒状菌种,似米兰花粒,俗称"金花"。

在发花过程中,由于微生物的大量繁殖,释放胞外酶催化多酚类氧化,儿茶素各组分发生氧化聚合,从而减少了茯砖茶的粗涩味,增加了醇和的滋味。这一过程对改善茯茶的滋味品质起到了积极作用,形成了茯茶特有的菌花香,构成了茯茶独特的风格。

日本学者松锹在《中国名茶之旅》一书中,将湖南黑茶中的茯砖茶称为"神秘的丝绸之路之茶"。茯砖茶的神秘在于有着神奇的保健功能,以至于西北少数民族"宁可三日无粮,不可一日无茶",将茶视若生命。而茯砖茶独特的保健功能主要来自茶中的 "金花"——冠突散囊菌。

"金花"对人体有多种保健作用。西北少数民族对长满"金花"的茯砖茶情有独钟,到了"一天不喝则滞(胀),三天不喝则病"的地步。这是因为他们以游牧为生,多食牛羊肉和奶酪,饮用"金花"茯茶有明显的消滞胀、利消化的作用。

有研究表明,冠突散囊菌的菌丝体富含 15 种氨基酸,其中包括人体所有必需的氨基酸。有利于淀粉、蛋白质的消化吸收,改善人体肠胃功能,能促进脂肪在消化系统中的降解和利用,有利于人体的降脂减肥。

(二) 名优黑茶

金花茯茶

2009年金花茯砖色泽乌褐,内生有金黄色的"金花"。

2009年金花茯砖汤色橙黄尚明。

茯砖中的"金花"——冠突散囊菌，是一种益生菌。目前只有黑茶类的茯茶，才有要求培养此菌种，同时茶梗与叶片按黄金比例搭配松紧适度，以营造空间利于此菌滋生的环境。茯茶的特殊口感和功效便由此而生。这正是它不同于其他茶类或其他黑茶茶品的独特之处。

2009年金花茯砖黑褐尚匀。

观此款茯砖色泽黑褐，内着生大量的金黄色颗粒——"金花"，形似米兰。金花生长得越多，代表茯砖茶的品质越好。香气总体呈青草香，伴有淡淡的菌香。茶汤清甜柔顺醇和，汤色橙黄尚明。叶底黑褐尚匀。

茯茶属于后发酵茶，能够随时间的推移慢慢地陈化。一般情况是陈放年代越久，陈香味越浓，茶汤滋味甜醇爽滑。茶汤越易冲泡出来，茶汤色泽也会随着加深。

茯茶除了清饮外，还可加奶调成奶茶，则另有一番风味。

普洱茶砖

2006年生产的"佤山映像"7581普洱茶砖外形方整，色泽红褐。

（武夷山宁谷茶业有限公司提供样品）

2006年生产的"佤山映像"7581普洱茶砖茶汤橙红鲜艳。

普洱熟茶的经典之作——7581熟砖，是昆明茶厂出品的编号茶砖，为该厂的主打产品。它起源于20世纪70年代中期，由昆明茶厂选用优质云南大叶种晒青原料，经独特的配方调制而成，被称为"最具代表性的普洱熟茶"。它曾经给几代普洱茶爱好者留下过美好的回忆，长销不衰，极受港、澳等传统市场欢迎。

2006年生产的"佤山映像"7581普洱茶砖外观。

"佤山映像"7581普洱茶砖是原昆明茶厂主打产品7581普洱茶砖的再生。

外形：砖形端正，松紧适度，条索肥壮清晰，油光润泽。

汤色：色泽褐红如琥珀，浓艳透亮，久泡其艳如故。

滋味：醇厚回甘，茶香浓郁，回味甘甜绵长。

叶底：叶底褐红。

老班章普洱茶

2009年的老班章普洱茶条形。

2009年的老班章普洱茶汤色。

老班章是一个地名，位于西双版纳勐海县布朗山深处，平均海拔约1700米，茶山上有古树茶、野生茶、五六十年以上的台地茶。老班章号称普洱中的茶霸，讲究所谓的茶气，纯正血统的老班章茶气是普洱茶中茶气最足的一款茶品。其特点是：茶的苦味涩味重而有化感，滋味霸而浓烈，刺激性较强，回甘快而持久；香气纯正独特略带蜜香；汤色鲜亮；叶底柔软匀整。

由于老班章茶的霸气和原料产量低的缘故，老班章茶在市场上价格不菲，极具收藏价值。

外观：条索粗壮、显毫，色泽油亮，除芽头显白毫外，芽叶色泽墨绿，油亮。

2009年的老班章普洱茶叶底。（武夷山宁谷茶业有限公司提供样品）

汤色：不同年份的茶汤色不同，存放过程中汤色会逐步发生变化。新茶汤色清亮，存放3年的老班章茶汤色已呈黄亮、油亮，且茶汤稠而厚。

香气：香气下沉，暗香突出。新茶明香更显；1～4年的香型总体呈花蜜香型，且杯底留香。

滋味：茶气足，茶汤口感饱满，分布均匀，生津快，回甘长，很有厚度和刚度，入口即能明显感觉到茶汤的劲度和力度。苦涩味很和协调，化得快，只停留在口腔上颚，至舌底，喉部一带时，已明显转化为甘味。

叶底：叶片相对细长，也只呈椭圆形的；叶片柔韧，厚实；颜色比较均一，叶片上毫毛明显。

陈年铁饼生普

1985年铁饼生普色泽黄褐，老气横秋。

（武夷山宁谷茶业有限公司提供样品）

1985年铁饼生普汤色浓艳厚实。

普洱属于后发酵茶，它是有生命的，随着岁月的增长，茶的滋味和香气都在不断地发生变化，变得越来越好喝。当我们喝一泡陈年的普洱时，其实也是在品尝岁月的滋味。每一泡陈茶，都将它走过的岁月融入茶汤中了。

1985年铁饼生普叶底红褐，老气苍苍。

笔者藏有1985年普洱生茶铁饼数十饼，那是我最喜欢的一款普洱茶。还记得这款茶陈放到十二三年的时候，口感还是又苦又涩难以下咽。也许是因为压得太紧的缘故吧，转化得比较慢。继续又存了数年，此后苦涩味逐渐转化，趋向醇厚柔和了。这款茶的紧结度比正常茶饼高出许多倍，有如铁板一般，能当武器使用的，冲泡前得用茶刀或铁器加以挖开剥离，才能冲泡饮用，不愧是"铁饼"。

1985年铁饼生普包装纸已自然风化，"衣裳"破损了。

观饼身隐约可见布纹，有红、褐、黑三色，呈泥鳅边。此茶在品饮时茶滋味醇厚而霸烈，有一股老树木之香气，仿佛进入了原野森林，呼吸着那树木的味道；又如古典家具所散发的那种幽幽木香，无异杂味，实属难得。口舌生津回甘之快在瞬息之间，此铁饼茶滋味应为古乔木茶树了。

昔归普洱茶条索肥大，色泽黄褐。

昔归普洱茶汤色土黄，浑厚沉着。

昔归大叶散茶生普

昔归茶，产于临沧邦东乡邦东行政村，属邦东大叶种。昔归古茶园多分布在半山一带，混生于森林中，古树茶树树龄有200年左右。清末民国初的《缅宁县志》记载："种茶人户全县约六七千户，邦东乡则蛮鹿、锡规尤特著，蛮鹿茶色味之佳，超过其他产茶区。"可以想象当时此茶的地位，是不可多得的名品。这里说的蛮鹿，现称为忙麓，古之锡规现称为昔归。

昔归普洱茶叶底鲜活，略显自然发酵。

昔归茶为大叶散茶生普。其茶片肥大，色泽黄褐。新茶冲泡时，其"生味"明显，即生普未发酵时显现的一种"青味"。这种青味有些类似于武夷岩茶"返青"的青味。滋味清甜之中略显有些苦底，汤色淡黄清亮，且口腔清爽，留香持久。

冰岛古树茶

条索肥壮，匀整显毫。

（武夷山宁谷茶业有限公司提供样品）

茶汤色金黄明亮。

冰岛古树茶原产地是冰岛村，这是一款以地名命名的普洱散茶的生茶。冰岛村位于云南省临沧市双江县勐库镇，下辖五个村民小组，即冰岛、南迫、糯伍、坝歪、地界。唯冰岛村民小组的古树茶为正宗冰岛茶，与之茶气相近的是南迫古树茶。冰岛古树茶年代久远，老树新芽，所以品质特优，故冰岛茶被誉为云南普洱茶的"皇后"。

冰岛古树茶为大叶乔木类。其条索肥壮、匀整、显毫；汤色金黄，明亮剔透；茶香清扬浓郁且独特，滋味甘甜，苦涩味较轻，耐泡；叶底柔润明亮。随着存放的时间延长，后续的物质转化应比较快。

冰岛古树茶叶底嫩黄柔软，有鲜活感。

广西六堡茶

（广西柳州车勇军提供样品）

六堡老茶的茶梗为黄褐色，节间自然"寸断"。　六堡老茶汤色橙红，浑厚。

广西古有好茶，唯"六堡茶"名最甚，向往久矣，百索而不得之。一次柳州之行，以兰会友，有兰友车勇军拿出一款"六堡"老茶款待。他介绍说，此茶为一家旧茶厂拆迁时发现，在旧仓库里存放的一些老茶。经查证，此茶已存放三十年之久，实在难得。

观之，却皆为茶梗，偶有几片茶叶。主人介绍，此茶因存放时间太久，茶叶已基本上腐烂，只余下茶梗。言语间，这两三道茶已冲洗过，一杯清茶便端到了面前。观之，汤色呈琥珀红色，清亮透明，色艳而不浓。闻之，陈味亦很明显，"老气"十足。品之，舌齿间，一种甘甜突现。忽有眼前一亮之感。其甜，是笔者所品过的茶中最独特的一种，甜中带

黑茶

有槟榔味，而且甜味不腻，清爽宜人。其水，清澈明亮，在舌苔上一闪而过。绝无其他老茶那种稠、滑、柔的美感，而是一种独特的"清甘"之美。一杯之后，舌上甜味已去，不着痕迹，口齿间尚余"仓香"味。

再品之，两三道之后，"仓味"渐息，水愈加清甜。饮间，正如舌齿间流过的甘泉一般，清甜清甜的。咽下后，舌齿间的甜味却消失无踪，仿佛沁入五脏六腑。舌底有回甘，赞之以"爽劲"。而舌面上的感觉似有似无，有甜，又捉他不着，有着像水晶一样透明感。有道是"禅茶一味"，品此茶使人想起"诗佛"王摩诘的诗："明月松间照，清泉石上流。"其美感，其境界，正如诗言。舌面上空旷无迹的感受，正如禅宗"空境"一般，令人心旷神怡。

此茶，泡了近二十余泡，色渐清，而依然清甜。其梗如枯藤老树，其味美则是枯枝上的新芽，清新自然而美丽，令人神清气爽，仿佛聆听到了山野的清音。品此好茶，有此美感，始知"茶道"。

重庆沱茶

2008年生产的重庆沱茶，外形半圆，内部有凹陷，经过几年陈放，色泽变为黄褐色，闻干茶已有"陈香"味，冲泡时，陈香味也较明显。

2008年生产的重庆沱茶，其汤色橙黄清亮，滋味清甘，青味尚存些许。随陈放时间的延长，汤色会变得更加浓厚、丰艳。滋味也会更加厚实、醇和。

重庆沱茶，在茶业的历史舞台上，曾经有过辉煌的过去，于1983年在罗马荣获第22届世界食品博览会金奖，可如今却已式微了。如今的重庆沱茶已然陷入困境，传统市场被下关沱茶蚕食殆尽。当年，下关沱茶与重庆沱茶可交相辉映，相得益彰。

重庆沱茶的原料有几种说法：

（1）选用川茶。以川东、川南地区 14 个产茶区的优质茶叶为原料，经精制加工而成。

（2）选用晒青、烘青和炒青毛茶搭配。以上等晒青、烘青和炒青毛茶，运用传统工艺和现代化生产手段，对原料进行搭配、筛分、整形，再进行大拼堆、称料、蒸制、揉袋压型。

（3）以早年引种到重庆的云南大叶种拼配云南大叶种制作而成。

重庆沱茶品质特性：其成品茶形似碗臼，色泽乌黑油润，汤色橙黄明亮，叶底较嫩匀，滋味醇厚甘和，香气馥郁陈香。它与云南沱茶相较，层次感稍欠，却胜在韵味之醇和。含有对人体有益的咖啡因、茶多酚、矿物质等多种成分，具有提神益脑，生津止渴，醒酒利尿，去腻消食，防止血管硬化和胆固醇增高之功效。

六安黑茶

干茶结紧，色泽乌黑。

（武夷山宁谷茶业有限公司提供样品）

汤色鲜红浓艳。

六安黑茶主要产于安徽祁门，因为古时归六安管辖，所以称为六安黑茶。它采用祁门小叶种茶叶制作，制作工艺与湖南黑茶种的天尖接近，也是竹篓装。

叶底柔软，呈古铜色。

六安黑茶的产生已有数百年历史，大概产生于明代，祁门民间有将六安茶称作"软枝茶"的说法，明成祖永乐年间（1403 ～ 1425）编撰的《祁

阊志》中，就有"软枝茶"的记载，其卷第十《物产·木果》中云："茶则有软枝，有芽茶，人亦颇资其利。"六安黑茶虽产于祁门，但产品基本上是外销，主要市场为两广，并在广州、佛山转销于东南亚一带。六安黑茶之所以能流行于广东一带，据说还有一段故事：在清代，一位来自祁门的医师在广东佛山行医，当地夏天天气闷热，百姓容易中暑和肠胃不适，这位医师便以六安黑茶代药，治好了不少病人，自此六安黑茶名声大噪。陈年六安黑茶茶性温和，有清热解毒、消暑祛湿、解渴生津之功效，非常适合岭南、东南亚热带居民饮用。

六安茶黑如同云南普洱茶具有"后期陈化"作用和"饮陈"特点。越陈滋味更醇滑，品质越好。六安黑茶干茶色泽乌黑紧结不松散，汤色红艳明亮，茶味清甜生津，有一股竹叶香，叶底柔软呈古铜色。

陈年生普

40～50年生普外形黄褐，岁月的刻痕明显，"老"气十足。

40～50年生普汤色红艳。

一泡陈年的普洱生茶，在漫长的岁月陈放中，外界的环境因素如温度、湿度、通风、异杂味等时刻影响着茶品的质量，要保持茶品在陈放过程中不变质，也不是一件很容易的事。在陈放中，看着普洱生茶的叶子颜色渐渐变深，香味越来越醇，苦涩味逐渐淡化，就像人生履历的累积，岁月的磨炼，那是一件赏心乐事。当然，普洱的价值还会随着时间流逝而年年上升呢，越陈越香，所以陈年的普洱茶又有"可以喝的古董"一说。

普洱茶特有的品质和陈香是在陈放过程中发酵形成的，一定时间后普洱生茶中的主要化学成分茶多酚、氨基酸、糖类等各种物质之间发生变化，使得汤色、香味趋向于理想化。此泡陈年普洱生茶已无从考证它的正确年份了，综合几方面考虑，年份应在 40 ～ 50 年间。

干茶外形：饼身松紧适度，色泽褐红，茶梗较多。

茶汤：红浓明亮，异常艳美。

香气：没有了新茶的清香气味，陈香明显。

滋味：甘爽醇和，喉底生津，涩味尽除，滑甘持久。茶汤一入口，就有一种滑溜感，丝滑柔顺，有如微风抚过水面、丝绸滑过手背的那种感觉。

叶底：柔软，尚有活力可张开。

羊楼洞青砖茶

羊楼洞茶砖。

羊楼洞茶砖的茶汤色较浅、叶底显得碎茶较多。

羊楼洞青砖茶，顾名思义产自湖北羊楼洞，又名"洞茶"；因茶砖面印有"川"字商标，也称"川字茶"。它主产于湖北赤壁、咸宁、崇阳、蒲圻等地，江西九江也有生产。羊楼洞生产的茶砖，主要销往蒙古、俄罗斯、新疆等地。

18 世纪，欧洲对茶叶的需求增大，俄罗斯商人李特维诺夫在羊

羊楼洞茶砖压制较紧，冲泡要一些时间才能展叶。

楼洞兴办"顺丰砖茶厂"，开创了中国近代第一家机械生产的茶叶加工厂。

从品鉴的角度来看，羊楼洞青砖茶有它自己的特点：与生普不同，不像生普那么犀利，显得更柔和些，水更清爽。老茶也清醇，随着存放年岁的延长，茶汤色会从青色逐渐转黄、转红、再转褐色。今天，羊楼洞青砖茶仍然是供应蒙古和新疆地区的主要茶产品。

四川古法黑茶

干茶外形呈不规则条形、块状，褐色。

茶汤色为琥珀色，茶汤形如果冻一般的胶状物。

古法黑茶，近年来出现在四川巴中地区。由福建厦门人林蔚明在此植茶、建厂、研发。林蔚明先生介绍："古法黑茶在福建泉州府林氏家族《林金紫公录》中有记载（林氏在泉州府开支祖）。在明代，林氏祖上在泉州府做茶叶买办，随郑和下西洋，作为贸易代表，在南洋地区经营茶叶生意，深得南洋各王室和贵族喜爱。后来随着清朝的闭关锁国的推行，此茶就断了来路。林氏家族一直都有保存此茶的各种文字记载。"

林氏家族一直盼望有时间回到中华大地恢复生产祖上家谱记载的古法黑茶。如今，这个担负家族使命的林蔚明先生，邀约世家忘年之交浙江汪张法先生，于2000年来到四川巴中地区，重寻古法黑茶的历史和产地，恢复古法黑茶的工艺。在此期间，林氏家族举全族之力支持，汪张法也全力支持古法黑茶的生产和工艺，历经十几年时间，不计得失，终于成功地复原了古法黑茶的口感和工艺。

因为茶的缘故，笔者于2016年结识了负责推广古法黑茶的宋源凯先生。宋先生给我介绍了古法黑茶的36道工序。看了36道工序的名称，笔者发现这些制作程序在六大茶类的制作工艺中基本上都能找到，心里在想：这个古法黑茶恐怕是一个工艺的堆砌，哪有这么复杂工艺的黑茶！当我见到林蔚明先生，聆听他对这36道制作工艺的解读后，才知道这36道工艺环环相扣，是个紧密相连的逻辑关系。

有明显的菌香，滋味有入口即化的感觉，满口清甜，舌齿间清甜甘爽。

在与林蔚明先生一同品鉴时发现，古法黑茶独特的滋味和香气，却是六大茶类中无法寻找到的。从干茶外形色泽上来看，呈不规则条形、块状，褐色，有明显的陈旧感。茶汤色为琥珀色，出汤时，茶汤形如果冻一般的胶状物。香气有明显的菌香，汤匙是挂有浓郁的果糖香。滋味入口即化的感觉，满口清甜，舌齿间清甜甘爽。

笔者与林蔚明（右）宋源凯（中）一同品鉴四川古法黑茶。

林蔚明介绍这36道工序完整的生产周期至少需要三年时间，这是典型的中国匠人精神。这古法黑茶工艺的恢复，其意义已不仅仅是一个茶品种的研发、复原，更是中国茶人坚韧的匠人精神和科学态度的体现。

秦巴山区里按生态有机的方法，种植着用于制作古法黑茶的生态有机茶园。

四川电视台《筑梦四川》栏目组拍摄四川古法黑茶专题纪录片。

附：四川古法黑茶工艺程序

❶ 采青　　❿ 翻堆　　⓳ 松包解块　　㉘ 色选

❷ 摊凉　　⓫ 初揉　　⓴ 二次干燥　　㉙ 拼配

❸ 晒青　　⓬ 初压制　　㉑ 复揉　　㉚ 堆发酵

❹ 做青　　⓭ 渥堆　　㉒ 复压制　　㉛ 干仓发酵升温渥堆

❺ 堆青　　⓮ 松包解块　　㉓ 渥堆　　㉜ 灭活

❻ 发青　　⓯ 初干燥　　㉔ 松包解块　　㉝ 控温控湿发酵

❼ 摇青　　⓰ 二揉　　㉕ 杠炭干燥　　㉞ 灭活

❽ 杀青　　⓱ 二压制　　㉖ 去梗　　㉟ 醒茶

❾ 渥堆　　⓲ 渥堆　　㉗ 挑选　　㊱ 高温灭菌

再加工茶

再加工茶的种类

再加工茶，就是用制作好的茶（如绿茶、红茶、白茶、黄茶、青茶、黑茶等）作为原料，再经过加工而成的产品，被称为再加工茶。它包括花茶、紧压茶、果味茶、药茶等，以及茶叶成分提炼的相关产品，如茶多酚提取物、儿茶素摄取物等。

其中最具代表的再加工茶有花茶中的茉莉花茶、珠兰茶，紧压茶中的沱茶、普洱茶。此外，还有速溶茶粉剂等再加工茶品种。

茉莉花茶特征

茉莉花茶是再加工茶类的代表品种。其制作工艺是将茶叶与茉莉鲜花进行拼和、窨制。因为茶叶吸附力极强，在茶叶与茉莉花拼和或窨制的过程中，使茶叶吸收茉莉花的花香，茶香与茉莉花香交互融合，其香味之美被赞作"窨得茉莉无上味，列作人间第一香"。

茉莉花茶使用的茶叶称为"茶胚"，通常以绿茶为主，偶尔也有选用红茶和乌龙茶作为"茶胚"。茉莉花茶的窨制过程有"三窨一提，五窨一提，七窨一提"之说，这里的三、五、七是指制作花茶时窨制的次数。每次毛茶吸收完鲜花的香气之后，都需筛出废花，然后再次窨花。因此，窨花的次数越多，毛茶就越充分吸收茉莉花的花香味。

茉莉花茶的主要产地是福建、浙江、安徽、四川、广西等地。主要的销售市场在东北、华北及四川等地。

茉莉花茶以香气取胜，深受人们的喜爱。被赞作"在中国的花茶里，可闻到春天的气味"！

茉莉花茶条形纤细，色泽绿褐。

茉莉花茶汤色鲜黄，明亮。

茉莉花茶的选购

茉莉花茶在购买时，应注意以下几个问题：

首先，要先看"茶坯"。"茶坯"越高档，说明茉莉花茶的品质越高。如采用龙井茶、黄山毛峰等名茶作"茶坯"，其品种即为"龙井茉莉"或是"毛峰茉莉"。选用名茶作"茶坯"，档次肯定更高。另外，除了用绿茶作"茶坯"外，有些茶厂还选用乌龙茶、红茶作"茶坯"，那就有另一番风味了。

第二，看"茶坯"的采摘季节，其中以春茶最佳，夏茶次之。

第三，看茶叶中有没有挑去茉莉花。一般高档的茉莉花茶都会将茉莉花挑去。若是拌有茉莉花的，品质肯定较差些。

第四，有些低档茉莉花茶，通常是选用较差的绿茶或是隔年的绿茶作"茶坯"，直接掺入一些茉莉花进行干燥，制作极为简单。

要注意的是，一些不良茶商，将窨制过的废花渣拌入茶叶，再添加香精。这种茉莉花茶通常刚冲泡时香气扑鼻，第二泡就没有香味了，而且茶汤中有一种怪味，令人作呕，俗称"菜帮子味"，切不可捡小便宜吃大亏。

速溶茶粉特点

速溶茶粉是一种新工艺，即将茶叶中的一些成分提取后，再添加一些其他物质，制成粉剂，有红茶口味、茉莉花茶口味、乌龙茶口味等。饮用时，直接冲泡即可，并且无茶底、无粉末，对生活节奏快捷的现代人来说，不失为一种饮茶的选择；但这种速溶茶粉只作一般饮料，谈不上什么品茶和茶艺了。

茉莉花茶速溶茶粉的汤色清黄，略有茉莉花香，滋味与纯茶汤比，不够清爽。冲泡时，可根据自己的口味，添加糖等进行调制。

陈皮茶的保健作用

陈皮是一味中药，性温，味辛、苦，有理气健脾、调中化痰等功效，常用来治疗脾胃气滞、脘腹胀痛、消化不良等。

利用陈皮与茶叶进行拼合，制作的陈皮茶，可称之为"药茶"。即陈皮茶的药性保健作用第一，茶艺品尝的目的反在其次。陈皮

此款陈皮茶茶坯为普洱熟茶，茶中掺有少量的陈皮。

茶有夏季消暑、止咳化痰、健脾养胃等健康功能，对脾胃气滞、腹胀腹痛、消化不良、食欲不振等症有疗效，对高血脂、高血压、脂肪肝、心肌梗死等症也有预防作用。

陈皮茶是一款实实在在的保健茶，可根据需要选择饮用。

陈皮茶汤色橙红，有陈皮香，茶汤醇和滑顺。茶底乌褐，陈皮显见。

茶多酚片及其保健作用

茶多酚是茶叶中多酚类物质的总称，早期亦称茶鞣质、茶单宁等，是形成茶叶色香味的主要成分之一，包括黄烷醇类、花色苷类、黄酮类、黄酮醇类和酚酸类等。主要为黄烷醇（儿茶素）类，儿茶素类物质占茶多酚总量的 60% ~ 80%，也是茶叶中有保健功能的主要成分之一。具涩味，易溶于水、乙醇、乙酸乙酯，微溶于油脂。

研究表明，茶多酚具有较强的抗氧化作用，尤其酯型儿茶素（EGCG），其还原性甚至可达 L- 异坏血酸的 100 倍。茶多酚等活性物质具解毒和抗辐射作用，能有效地阻止放射性物质侵入骨髓，并可使锶 90 和钴 60 迅速排出体外，被健康及医学界誉为"辐射克星"。茶多酚还具有抑菌作用，如对葡萄球菌、大肠杆菌、枯草杆菌等有抑制作用。茶多酚可吸附食品中的异味，因此具有一定的除臭作用。

药理研究表明，茶多酚能极强地清除有害自由基，阻断脂质过氧化过程，提高人体内酶的活性，从而起到防癌作用，对防治心血管疾病有着重要作用。

江西富之源生物科技有限公司生产的茶多酚在保健品中的运用。

江西富之源生物科技有限公司研制出制备高纯度茶多酚新工艺。该工艺既提高了茶多酚的纯度和得率，又符合工业化生产对原料、溶剂使用、制作路线、生产过程安全性和产品颜色、产率、纯度诸方面的要求，有利于茶多酚更有效地在医药和食品工业中应用。

江西富之源生物科技有限公司生产的茶多酚。

沉香红茶特征

沉香红茶是笔者应四川宜宾申酉辰茶叶有限公司邀请，专门为"申酉辰"研发的一款新茶。采用四川野生红茶为底（见本书野生茶中介绍），用越南沉香等药材，按照一定的比例，用道家炼丹之术进行炮制。由于沉香香气穿透力极强，茶叶对气味的吸附力也强，经过40天左右，炮制成功。炮制好的沉香红茶，从外形上看并没有什么变化，只是显现出明显的沉香气。冲泡时，不需要什么特殊的技艺，与平时冲泡红茶

沉香红茶干茶条形紧细，色泽乌褐，与四川野生红茶对比，外形几乎没有变化。

手法一致，盖香除了浓郁的沉香外，还有果香出现。茶汤中也出现了沉香的味道，挂杯也明显。沉香味的持久性也较好，十余泡仍有沉香味。

沉香红茶汤色橙黄明亮，沉香味浓郁，滋味甜醇柔顺。杯底挂香明显，有果香、沉香等多种香型。

沉香红茶叶底红嫩软亮。

玫瑰红茶特征

2017 年 5 月，笔者在四川绵阳桑枣镇做四川野生红茶时，时逢大马士革玫瑰花采摘季节，便利用玫瑰花鲜花进行窨制提香，试制而成玫瑰红茶。

大马士革玫瑰花，蔷薇科蔷薇属，丛生灌木，是玫瑰的一种。它原产于叙利亚，后传入中欧，14 世纪开始在法国广为栽种。叶片为灰绿色，花茎上有硬毛；开重瓣花，花瓣边缘颜色稍浅，有绸缎般的质感；纯粹、细致的花香，使其香压群芳，成为油用玫瑰中的上品，因而被广泛种植用以提取玫瑰精油。大马士革玫瑰是世界公认的优良玫瑰品种，用这种玫瑰制作的精油被认为是玫瑰精油中的极品，素有"液体黄金"之称。

用野生红茶和大马士革玫瑰花的鲜花进行提香窨制，可以将玫瑰花的花香吸进茶里，使得野生红茶有不一般的花香味。同时，茶汤的滋味也发生了变化。水的滋味也变得更加丰富，耐泡度也有所提升。冲泡玫瑰花红茶，初泡并不会显现惊奇之处，第二泡、第三泡香气逐渐展开。

大马士革玫瑰花那优雅的香气和清雅的茶香是个完美的搭配组合，玫瑰红茶既清新又香气迷人，水甘甜而不苦涩，柔嫩润滑，十数道水香韵不减。

玫瑰花红茶从干茶上看并没有什么变化，与野生红茶干茶条形一致。

玫瑰花红茶汤香清黄明亮，花香味明显，持久。

笔者在窨制玫瑰花红茶。

野生茶

四川安县茶坪野生茶

笔者在研究茶文化时发现，目前中国茶业的兴起，也带来了一些负面作用，就是过度使用农药化肥，茶叶的农药残留问题令人担忧。为了寻找一片未曾使用过农药化肥的茶山，笔者用了十余年时间探寻野生茶，终于在四川安县海拔1500米左右的茶坪乡发现数百亩野生茶。这里从唐代就开始种茶，因为海拔高，这里的山民无法种植粮食，自古以茶为生。从没有运送农药化肥上过山，所有茶树无人为干预，呈自然生长状态。这是一片净土，国内罕见的茶园。

四川安县茶坪乡自唐代开始就以茶为支柱产业，宋代更是皇家八大御茶园之一（绵州兽目山）。根据《龙安县志》记载：茶圣陆羽曾到此处考察茶叶，指着北面的山冈说，出松岭关，茶不堪摘。意思是天下好茶到此为止。

茶坪乡位于北纬约32°，海拔1400~1700米。这里雨量充沛，终年云雾缭绕。最为难得的是，汶川地震后，茶山

野生红茶干茶条形紧细，色泽乌褐，黄毫明显。

高海拔野生茶汤色金黄，清澈明亮。

2014年笔者来到四川绵阳安县茶坪乡考察野生茶。

荒芜。这片茶园已自然野化。茶园为树林覆盖，所有茶树都不受阳光直射，生长在树荫下和云雾中，全年生长期内的光照度极低，均为树叶间的散射光。其鲜叶非常鲜嫩。经过笔者多年研制，已用这里的茶青，加工出来红茶、绿茶、白茶等多种产品，其品质极优，滋味异常甘甜。

野生茶生于密林中，光照度极低，以散射光和漫射光为主。

由于野生茶的光照度低，植物生长的趋光性作用，茶叶生长过程中，节间拉长。

武夷山野生茶

武夷山野生茶采制成的红茶，是红茶中等级最高的红茶品种之一。野生茶基本上只生长在生态环境被保护得很好的自然环境中。这样的环境一般海拔较高，约在海拔千米以上，山清水秀，一年四季云雾缭绕，

武夷山野生茶条形纤细，乌褐亮泽，为典型的野生小叶菜茶。

武夷山野生茶汤色橙红清亮，是典型的无污染野生茶的品质特征。

无任何工业污染，生长的是品质极高的生态有机茶。采用这种环境中生长的野生茶青制作红茶，通常汤色红艳清亮，甘爽清澈，回甘明显，香气馥郁。因为产量低，其大都采用传统手工工艺制作，更为难得。笔者曾用了近十年工夫，在武夷山脉方圆几百公里内，寻找野生茶资源，获取了丰富的一手资料。本文介绍这款武夷山野生红茶，就是用武夷山的野生茶青制作而成的。

（武夷山野生红茶由武夷山宁谷茶业有限公司提供样品）
武夷山野生茶叶底鲜活，为古铜色。

邵武龙湖野生茶

武夷山野生茶分布在整个武夷山脉中，以武夷山行政区为核心区。邵武龙湖伐木场位

武夷山野生茶多生于乱石堆中。

于武夷山脉的核心区域。这里分布着大量的野生茶，笔者曾在这里考察过野生兰花和野生茶叶资源。邵武天福茶庄马冬香，受笔者影响也酷爱野生茶。她在龙湖伐木场溪谷山涧间，找寻了一些野生茶，并每年采摘

加工成红茶、绿茶，其产量有限，十分珍贵。

龙湖伐木场的野生茶，大都分布在海拔七八百米以上，甚至在海拔一千多米处也有分布。这里的野生茶非常适合加工红茶，制出的红茶，汤色金黄，滋味鲜甜，可以说是高品质的野生红茶。

笔者在邵武天福茶庄与马冬香一起品龙湖野生红茶

龙湖伐木场野生茶干茶条形紧细，色泽乌褐，干茶有芋头香。

龙湖伐木场野生茶汤色清黄明亮，滋味甘甜，耐泡度高。

四川古树太极茶

近年，笔者常在四川绵阳安县茶厂研发一些新的茶叶加工技术。2016年5月，笔者将蒸汽杀青技术带到了四川，试制了一些蒸青绿茶。同时，采用几百年古茶树的茶青，将蒸汽热能与红茶的发酵技术结合，试制出了一款半红半绿的茶。笔者给这款茶取个 "阴阳太极茶"的名。这款茶在发酵了10个小时后，居然出现了一半红茶一半绿茶。即一条茶青完全发酵成红茶，而另一条青茶则完全是绿茶，丝毫没有发酵。后来，我多次重复试制了这款茶，均做出了品质完全一致的太极茶。从图

片中可以看出，刚发酵完的茶一根绿茶、一根红茶混合在一起，将这些茶焙干后，即得到了阴阳太极茶。这款茶从制作工艺上说，是全发酵的，应归入全发酵红茶；但它却有一半是绿茶，并未发酵。若将其归属于半发酵的乌龙茶，也不合适，因为整个工艺流程没有半发酵摇青工艺，而且不是绿叶红镶边的半发酵。无论从加工技艺还是茶的特征来看，它不属于六大类茶中的任何一种，也许这应该是中国茶的第七大类茶了。这款茶，既有绿茶的清新又无绿茶的青涩；既有红茶的甜熟，又无红茶的酵弊。香气青爽，滋味甘甜，将茶的清新淡雅之美做了较完美的表达。

该茶制作出来后，在湖北英山县南武当山的义卖活动中，拍出了50克茶24000元的高价。

笔者在四川考察古茶树。

用手工将阴阳太极茶搓成针形。

发酵10小时左右后，一半红茶一半绿茶。

将绿茶红茶挑拣出来，我们可以看到阴阳分明。

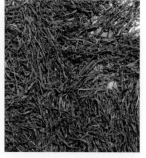

阴阳太极茶在加热的火山石板上，经过几个小时的搓揉，逐渐形成针条形。

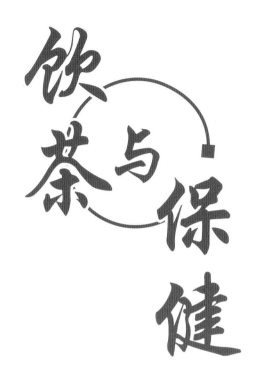

茶在历史文献中记载的功用

中国古代最早的药物专著《神农本草》中记载："神农尝百草，日遇七十二毒。得茶而解之。"这里的"茶"就是现在的茶字古体字。东汉张仲景著《伤寒杂病论》中记载了用茶治疗下痢脓血。《唐本草》中记载："主瘘疮，利小便，去痰热，消宿食。"宋代《太平圣惠方》中记载了十余种"药茶诸方"。这些都是有据可考的、最早介绍"药茶"的文献。元代《饮膳正要》是茶疗内容较为全面的专著之一，书中记载了全国各地多种药茶的制作和疗效。明代《普济方》专门设了"食治门·药茶"篇目，收录了八种茶疗的方子。明代《本草纲目》中对茶的保健及疗效都作了精辟的论述，并且记载了茶疗的十六个方子。据近代《慈禧光绪茶方选议》的记载，清代已将药茶纳入宫廷用药，足见其可贵。

药茶的含义

宋代的《太平圣惠方》，明确记载了十余种"药茶诸方"，这是最早介绍"药茶"的文献。今天我们讲的药茶，通常有以下几种含义：

第一种是以单纯的茶为药剂，如陈茶、绿茶等；

第二种是以茶叶与天然药物、植物合用，如茉莉花茶、人参乌龙茶等；

第三种是以不含茶叶成分的其他植物，以药代茶，如菊花、藏红花、陈皮等；

本书中介绍的药茶及其作用，都是指第一种含义中的，即单纯茶的药剂作用。

饮茶对人体的好处

大家都知道，长期饮茶对身体健康是有好处的，但具体有哪些作用呢？一般来说有以下几种功效。

（1）提神醒脑，消除疲劳。因为茶叶中的咖啡因能振奋精神，所以饮茶首先具有提神醒脑的作用。

（2）预防疾病。茶叶中的一些成分能扩张血管，促进血液流通，并且能降血脂，预防血管硬化或形成血栓。

（3）防止癌病变。目前，科学已证实，茶叶中的儿茶素对防癌抗癌具有特殊的疗效。长期饮茶可以对各种癌病变起到预防和抑制的作用。

（4）具有杀菌、固牙、除口臭等作用。

（5）帮助消化。

（6）减肥、降血脂，等等。

饮茶的好处举不胜举。知道茶有这么多好处，那我们就多喝些茶吧。

一天喝多少茶适宜

一个人，一天之中喝多少茶最为适宜？这还要根据每个人的饮茶习惯、年龄、性别、身体状态、工作性质、生活环境等多种因素而定。总之，这是因人而异的。

虽说每个人每天的饮茶量是因人而异的，但还是应有所节制，不可暴饮。有些人整天没完没了地泡茶喝，这样无形中会增加心脏和肾脏的负担。饮茶过量后，还会引起"茶醉"，出现心慌、刮胃、头晕等不良反应。所以，茶汤虽好，也不可贪杯啊！

具体地讲，每个人一天中以绿茶每次饮茶通常以 10 克为宜。一天总共不超过 20 克。如果是泡乌龙茶，因为喝的人多，则可以适当多些。如果是红茶或陈茶，则可以量更多些。也就是说，没有发酵过的绿茶不宜多饮，发酵过的茶，可以适当多饮用些。

喝隔夜茶会致癌的说法缺乏根据

过去曾有一种说法，认为隔夜茶喝不得，因为隔夜茶经过一晚上跟空气中的氧气发生了反应，产生了二级胺，可以转变成致癌物亚硝胺。其实这种说法并不科学，因为在很多种食物中，尤其是腌腊制品中都含有大量的二级胺，二级胺本身并不能致癌，它必须与硝酸盐共同存在才能形成亚硝胺，而且需要达到一定数量时，才有致癌的危害作用。而人们通过饮茶，可以从茶叶中获得较多的茶多酚和维生素 C，它们都能有

效地阻止人体内亚硝胺的合成，是亚硝胺的天然抑制剂。隔夜茶中所含的二级胺含量极低，因此，饮用隔夜茶是不会致癌的。

但是，从饮食卫生的角度来看，茶汤暴露在空气中，特别是夏季，放久了易滋生腐败性微生物，引起腐败。若使茶汤发馊变质，这时就不宜再饮用。另外，茶汤放久了，茶多酚、维生素C等营养成分易氧化减少。因此，隔夜茶虽无害，但一般情况下还是建议不要饮用。

喝浓茶好不好

所谓"浓茶"有两种含义：一是指泡茶用量超过常量（一杯茶3～4克）的茶汤；二是指常量冲泡的茶，冲泡时间过长茶汤变得很浓。这两种茶的浓度对一般人的身体都是不适宜的。

如果饮用浓茶，心率会加快，对一些心脏不太好的人来说，就会引起不适。而夜间饮用浓茶，则易引起失眠，对一些有神经衰弱的人来说，尤其不适合。一些肠胃溃疡、胃寒者、身体虚弱者都不宜饮浓茶，否则会使病症加剧。空腹的时候也不宜饮用浓茶，否则常会引起胃部不适，如"刮胃"的感觉，严重时甚至会发生"茶醉"，即产生心悸、恶心、头晕等不适症状。出现"茶醉"后，吃一二颗糖果，或吃点点心，喝点开水就可缓解。

其实，浓茶也并非绝对不可饮，一定浓度的浓茶是具有清热解毒、润肺化痰、强心利尿、醒酒消食等功效的。特别是一些老烟民、食大鱼大肉者、饮酒过多的人，浓茶皆有清热解毒、帮助醒酒、消除油腻等作用。饮用浓茶对口腔发炎、咽喉肿疼的人还有一定的消炎杀菌作用。

一年四季喝茶的讲究

喝茶养生大家都知道，可一年四季中该喝什么茶的讲究并非人人皆知。传统中医学主张：春饮花茶，夏饮绿茶，秋饮乌龙茶，冬饮红茶。

春季，饮花茶比较好。因为春天正是阳气生发的时候，春气肝木盛，很多人春困都很明显，容易犯困，影响工作和学习。花茶有去肝郁解肝热之功效，此时若沏上一杯香气浓郁芬芳、清香爽口的花茶，不仅可以提神醒脑，清除睡意，还有助于散发体内的寒邪，促进人体阳气的生长。花茶是我国特有的茶类，有诗赞："香花调意趣，清茗长精神。"饮花茶不仅是一种乐趣，而且可以保健祛病，何乐而不为？茉莉花茶有清热解暑、健脾安神、宽胸理气、化湿、治痢疾、和胃止腹痛的良好效果。除茉莉花茶外，其他花草茶也有诸多的保健作用，例如常见的菊花茶就能抑制多种病菌、增强微血管弹性、减慢心率、降低血压和胆固醇。

夏季，气候炎热，适宜饮用绿茶和白茶。因绿茶性苦寒，可消暑解热，又能促进口内生津，有利消化。白茶也是一个不错的选择，其性寒凉，具有退热去暑解毒之功，在白茶产区，白茶可是当地茶农夏季必备去暑饮品之一。

秋季，选用乌龙茶最理想。乌龙茶性味介于绿茶、红茶之间，不寒不热，既能消除体内余热，又能恢复津液。也可用绿、红茶混合一起饮用。

冬季，则应选用味甘性温的红茶为好，以利蓄养人体阳气。红茶含丰富的蛋白质和糖，还有助消化、去油腻的作用。喜欢饮茶的朋友，可根据不同季节选择不同品种的茶叶，这样会更有利于您的健康。

一天中饮茶的讲究

一日之中，如何安排饮茶更为科学合理？一般而言，清晨起来，冲泡一杯绿茶，不仅可以提神醒脑，还能补充体内的水分，特别还有爽口的作用。绿茶的清香留在唇齿间，使人精神特别清爽。上午，一般在工作期间，以冲泡一杯花茶为美，或是具有较高花香气的乌龙茶。花香可以提起您的工作精神，怡人的花香还能解除工作中的疲劳。中午，一般在午后饮茶。为了不影响消化，一般建议在饭后一小时左右再饮茶。茶类以全发酵的红茶为首选，陈茶也可以。晚上，若是茶友聚会饮茶，当然是以内容丰富的乌龙茶为首选了。特别是工夫茶的冲泡方式，会让您的生活更具品质，不仅饮茶会成为生活的一部分，而且是一种艺术享受。不过，在这里要提醒的是，晚上饮茶要适量。如果晚上喝了过量的茶，大脑处于兴奋状态，会影响睡眠质量，甚至会引起"茶醉"；而晚上泡上一杯陈年普洱茶或武夷岩茶的陈茶，却更能提高睡眠质量。

饭前不宜饮茶

因为茶内的一些物质对人体内胆固醇升高有抑制作用，能防治心肌梗死，消除体内脂肪，还有抑菌和杀菌等作用。所以，通常提倡大家多喝茶，以期起到防病保健的作用。

但是，在饭前饮茶，对身体不利反而有害，因为饭前空腹，茶水会对胃肠产生直接的刺激，将肠胃中的消化液冲淡、稀释、中和等，直接会影响消化能力。同时空腹的时候，茶里边咖啡因等物质易于吸收，更容易导致出现茶醉的现象，对人体和精神都造成不必要的压力。

所以，笔者建议茶友们，饭前少饮茶，最好不饮茶，以汤代茶最为合适。在饭后一小时，此时饮茶则较为合适。

孕妇、哺乳期和经期妇女不宜饮茶

孕妇在怀孕期间，一般不宜饮茶，因为茶叶中的咖啡因会增加孕妇的心脏和肾脏的负担，并且会将咖啡因通过血液循环传送给胎儿，影响胎儿大脑的正常发育。

哺乳期的产妇也不宜喝茶，因茶水中的咖啡因会使孕妇心动过速，增加产妇的心脏和肾脏负担，并且会通过乳汁传给婴儿。咖啡因对婴儿也会带来过分的刺激，引起婴儿亢奋或烦躁，并影响睡眠。

妇女在经期，一般也不宜饮茶，特别是浓茶。咖啡因会对神经和心血管造成刺激，导致经期基础代谢的增加，严重的会引起痛经、经血过多等。另外，饮茶还会影响妇女对铁的吸收，造成缺铁性贫血。

牛奶红茶的调制

在红茶中加奶、加糖，是西方人喜欢的一种饮茶方式。至今，英国皇家午后仍然保持着这一种饮茶习惯。其具体的制作方法是：

将适量的红茶放入茶壶中，冲入开水5分钟左右，等茶汤已经充分溶解，将茶汤滤出，倒入大杯中；若是采用红茶的小袋泡茶，直接放入咖啡杯中加开水煮5分钟左右，取出茶袋。再于茶水中加入奶粉和方糖，搅拌至充分溶解即可。

调制成的奶茶，一般以汤色橙红为度，加奶过多则会使汤色变白，茶味变。可以根据自己的喜好，选择适当的投入量。喜欢奶茶的朋友可以动手一试了。

茶叶蛋的制作

制作茶叶蛋，通常是采用红茶或乌龙茶的茶梗或茶末来制作。煮茶叶蛋时还需加入盐1大勺、酱油2勺、冰糖2勺、生姜1小块和茶叶3勺。煮至蛋熟时，将蛋敲裂，这样更易入味。还可以根据各人口味的需要，增加一些香料，如放一些八角、桂皮、香叶、花椒小把、丁香、小茴香、豆蔻、甘草、陈皮等少许，这些调料加入越多，香味越丰富。这种茶叶蛋又叫五香茶叶蛋，很受人们喜欢，全国各地都有。

必须注意的是，在煮蛋前一定要将蛋洗干净；否则，蛋煮裂后会受到污染。

家庭自制药茶的讲究

中国自古就有以茶当药的习惯，故有"药茶""茶疗"等说法。中医则有一些专门用茶与中药配制药茶的做法。例如：

茶叶配枸杞子，具有补肝肾、强神健体的作用。

茶叶配橘皮，具有理气润肺的作用。

茶叶配白菊花，有平肝清热的作用。

茶叶配薄荷，则有清热败火的功用。

总而言之，茶叶配中药的饮用，是出于针对于某些人体不适或疾病的，不宜滥用。最好是对症下药，否则得不偿失。

家庭条件下茶叶的保存

在家庭条件下保存茶叶，总的来说有两个必要条件：一是要干燥密封；二是最好恒温保存（绿茶和清香型的乌龙茶需要在5℃左右恒温保存）。

首先，就要选择合适的容器。对存放茶叶的容器，基本要求就是干净、密封、避光。那么，在众多的容器中，以锡瓶、有盖的陶瓷罐等为最佳；其次为铁听、木盒、竹盒等；塑料袋、纸盒最次。其中竹盒不宜在干燥的北方使用，否则容易开裂，造成密封失效。保存茶叶的容器要干燥、洁净，不得有异味。

其次，是存放茶叶的环境，应选择通风干燥处为宜。不能将茶叶存放在高温、潮湿、不洁、曝晒的地方。另外，存放茶叶的地方不能同时存放樟脑、药物、化妆品、香烟、化学药品等有强烈异味的物品。茶叶有强烈的吸附能力，会将这些异味吸收进茶叶中，发生窜味。

另外，不同种类的茶，也应该分开包装，进行存放，也不能同时存放在同一个包装内，这样也会发生窜味，影响茶叶的品质。存放茶叶的环境，还应该避免高温。应存放在阴凉干燥的环境中。

一杯茶冲泡多少道水合适

不同种类的茶，其耐泡度各不相同。通常来讲，绿茶与白茶的耐泡度最低，其次是黄茶，接着是乌龙茶和红茶，黑茶类的陈茶最耐泡。一杯茶以冲泡多少道为宜？这是一个很难量化的标准。但大致来说，绿茶一般冲泡不超过3杯水，以茶汤清淡无味即可倒掉；乌龙茶及红茶，多采用工夫茶的冲泡方法，一般可以冲泡5～10道水；而黑茶及陈茶，有些耐泡度极高，甚至可以泡到近20道水。

从健康饮用的标准来看，绿茶冲淡后无味，就没有饮用价值了。乌龙茶类，冲泡次数过多后，水中会出现杂味，即一些无益的成分被浸泡出来，此时，饮之无益。而红茶、黑茶、陈茶这一类的茶，冲泡次数过多后，汤色变淡变白，即无饮用的价值了。具体一款茶，能泡多少道水。除了跟茶的品种、品质有关外，还跟投茶量以及冲泡方法有关，在品饮中可以不断积累经验。

陈茶、老茶确有止泻作用

茶水能止泻，不过并不是所有的腹泻都能通过饮茶来治止。通常，茶水止泻只是针对一些细菌性的痢疾。据研究资料表明，茶水中的鞣质对各种痢疾杆菌均有抑制作用。

　　记得有一回，笔者的一块普洱没有放好，受了潮，长了点菌，丢也不是，喝也不是，便放在阳光下晒。一位朋友来访，看到这块普洱后，硬是讨去了。后来他告诉我，只要拉肚子，他一喝这普洱就可立即止泻，简直神了。这话我听了以后有些半信半疑。一次，我肠胃也有些不舒服，想起了这位朋友的话，便泡了一泡老普洱，居然肠胃也舒坦了。不过，在这里还是要提醒大家，霉变的茶叶不要为好，以免对身体造成严重的损害。

　　经观察后我发现，当肠胃消化不良或是细菌性肠炎时，饮用一些老茶，有比较明显的疗效。读者有兴趣，不妨一试。

不宜用茶水送服药物

　　能否用茶水送服药物，没有绝对的说法。但是，在通常情况下，医生是不主张用茶水服药的。尤其是西药中某些含铁的药剂（如硫酸亚铁、碳酸亚铁等）、含铝药剂（如氢氧化铝等）、酶制剂（如蛋白酶、淀粉酶）等，当用茶水送服这些药物时，茶水中的多酚类物质会与其发生反应，产生沉淀，直接影响了药效，甚至有可能引起副作用。有些中药（如黄莲、麻黄等）一般也不宜用茶水送服，以免发生反应，降低药效。另外，有些具有镇定、催眠和镇咳等作用的药物，与茶水中具有兴奋作用的咖啡因等会发生冲突，从而降低药效。一般要求服药后2小时内不饮茶，以免影响药效。

　　然而，当服用维生素类、利尿、降血脂、降血糖等药物时，一般可以用茶水送服，因为茶水本身就具有利尿、降血脂、降血糖等作用。是否能用茶水送服药物，还是应遵医嘱。

喝茶减肥有依据

　　从六大茶类来看，每种茶都具有减肥的功效。每种茶的宣传广告里，大都有提到减肥的功效。但是，哪一种茶的减肥效果更好呢？这首先要

对茶的减肥原理有所了解。

有人说，多喝茶，茶能"刮油"，只要多喝茶就能起到减肥的作用。这种说法并不科学。其实，茶水在人体内是不能"刮油"的，倒是挺能"刮胃"的。原因是，我们胃里的消化液呈酸性，而茶水是呈碱性的。茶水进入肠胃后，会与胃液进行反应，降低胃液的酸性，于是起到降低消化力的作用。茶水中所含的茶碱等物质会与胆汁发生反应，消耗体内胆汁，而胆汁的主要功能是消化脂肪的，于是降低了对脂肪的消化和吸收。知道了这个原理后，我们可以推论出，绿茶未经发酵，含有更多的茶碱。所以，我们说绿茶减肥效果最好。

糖尿病患者饮茶的讲究

糖尿病是多种因素引起的，它会导致人体内胰岛素减退，引发糖、蛋白质、脂肪、水和电解质等一系列代谢紊乱。在临床上糖尿病以高血糖为主要特征，会出现多尿、多饮、多食、消瘦等表现，即"三多一少"症状。

日本药物学专家研究发现，长期饮茶，摄入的茶叶中有一种物质，能够促进人体内胰岛素的合成，并且能去除人体血液内的多糖类物质。具体地讲，对于糖尿病患者，在选择茶叶时，以绿茶、白茶为首选，其次为半发酵的乌龙茶。最好是选择粗制的绿茶，用冷开水浸泡几个小时后，等茶汤变浓后再饮用。以 20 克绿茶兑 500 克冷开水的比例浸泡，一天分三次饮用。长期坚持，具有较好的疗效。

神经衰弱者饮茶的讲究

神经衰弱者的睡眠质量非常差，常常夜晚难以入眠，白天没精打采，病人的生活工作压力非常大。而茶又有提神的作用，神经衰弱患者往往谈茶色变。认为饮茶后，茶中的咖啡因刺激大脑中枢神经处于兴奋状态，可能更加睡不着觉。

其实要使夜晚能睡得香，必须在白天设法使其精神兴奋。那么，就可以在上午、下午各饮一次茶，上午不妨饮花茶，午后饮绿茶，起到提神的作用。到了夜晚，则不宜再喝茶，只要睡前稍看点书报就能安稳入睡。

饮用绿茶的禁忌

喝绿茶有很多好处，但有益也有害。不讲究科学的饮茶，也会对人体健康造成不适。茶具有收敛的作用，如果有胃病的人，空腹饮茶，对胃就会造成伤害。绿茶性属寒，一般患有寒疾或是身体虚弱的人也不宜饮用绿茶。过多的饮用绿茶还引起亢奋，影响睡眠，特别是一些神经衰弱的患者。过多地饮用绿茶，还容易引起"茶醉"。

总之，绿茶好喝，可也不要贪杯哟！

武夷岩茶的保健作用

武夷岩茶是生长在"烂石"之中，富含多种微量元素，对人体健康有一定的促进作用。武夷岩茶又属于半发酵茶，茶性温和，不伤胃，对肠胃有保健作用。因此肠胃虚寒者，喝武夷岩茶更为适宜。

1847 年，罗莱特在茶叶中发现"茶单宁"（又称儿茶素），并从武夷茶中分离出了"武夷酸"。1861 年，哈斯惠茨又证实武夷酸乃是没食子酸、草酸、单宁和槲皮黄质等的混合物。武夷岩茶中所含丰富的营养物质和保健作用，在各茶类中是最为独特的。根据中国预防医科学院营养与食品卫生研究所实验证明，武夷岩茶具有抗衰老，防治癌症及心血管病，以及减肥、美容消除疲劳等功效。

烟焦味和霉味重的茶不宜饮用

与烧烤原理一样，烟焦味重的茶是因为在焙火过程中茶叶吸入了过多的烟味，特别是焙火温度过高使茶叶产生了焦煳，会产生 3,4- 苯并芘等一类危险的致癌物。这类物质吸收过多在体内积累后，细胞便容易发生癌变。传统手工炭焙的茶有一种特殊的炭火香味，与烟火味不同，对人体不会产生害处。一般轻微的烟火味，也无大害，并且在陈放一段时间后会逐渐消失。

饮茶与保健

而发霉的茶叶，陈放在潮湿环境中的茶，陈放多年后产生了霉变，这样容易产生一些有害霉菌。若饮用后产生了身体不适，如腹痛、腹泻、头晕等症状时，应立即停止饮用，不可因小失大。

心脏病与高血压患者饮茶的讲究

心脏病与高血压患者通常心率较快，不适宜喝浓茶。因为喝浓茶容易引起兴奋，增加心脏和肾的负担，喝一些淡茶则影响不大。对于心率较缓和动脉硬化或高血压初起的患者，可以适当饮用一些绿茶，以天然有机绿茶为好。这类人适当饮茶有一定的好处。因为茶能促进血液循环，降低胆固醇和血脂，增加毛细血管的扩张能力。

胃病患者饮茶的讲究

通常而言，胃病患者不宜饮茶，特别是在服药期间的胃病患者，绝对不能饮茶。但一般浅表性胃溃疡等较轻微的胃病，适当喝点茶应该是问题不大的。但喝什么茶，如何喝还是有讲究的。

一般胃寒的人，可以喝一些焙火温度较高的，如足火的炭焙岩茶，就具有养胃的功能。自古以来就有陈茶养胃的说法。所以，平时喝点陈茶，不仅是对胃病患者有益，对常人也有养胃的作用。

有胃病的人喝茶，可以尝试喝些全发酵的红茶或熟普，如无不适就可继续喝；最忌喝没有发酵的绿茶，或发酵度极低的乌龙茶，如台湾的部分乌龙茶和清香型的闽南乌龙茶等。那些茶叶中富含茶碱和茶多酚，对肠胃有一定的损伤。

用茶水洗漱的好处

因为茶水呈弱碱性，用茶水洗脸，可以清洁脸部皮肤上的油脂和污垢，还可以使皮肤角质软化，茶水中含有的各种维生素也能对皮肤起到一定的保养作用。经常使用茶水洗脸，可以防止脸部皮肤病的发生，还可以促进皮肤光泽、柔润，具有美容效果。

茶水中的茶单宁和茶碱等成分还具有杀菌的作用。用茶水洗脚、洗澡，可以防治脚气，止痒。用茶水漱口能清除口腔内的细菌，消除口臭，防治口腔疾病。

喝茶并不影响牙齿的洁白

长期使用的茶杯，如果不清洁的话，常常会在茶杯内壁形成厚厚的茶垢。那么，长期饮茶的人，会不会也在牙齿外表形成茶垢影响美观呢？

长期饮茶，尤其是长期喝浓茶的人，茶叶中的多酚类氧化物会附着在牙齿的表面，如果很少刷牙或刷牙不彻底，牙齿会逐步变黄，就像茶杯长期不清洁一样，会在牙齿表面结有一层"茶垢"。如果还有吸烟习惯的人，则会加剧牙齿的积垢，这是值得重视的问题。

其实，一般饮茶者，只要没有抽烟的习惯，平时早晚各刷 1 次牙，再经常适当吃些水果等食物，就能保持牙齿的清洁，不会使牙齿变黄。